U0152724

国家出版基金资助项目

现代数学中的著名定理纵横谈丛书

丛书主编　王梓坤

HADWIGER THEOREM

Hadwiger定理

刘培杰数学工作室　编

哈尔滨工业大学出版社

HARBIN INSTITUTE OF TECHNOLOGY PRESS

内 容 简 介

本书共分两章,分别介绍了多角形的组成和多面体的组成相等问题,证明了 Hadwiger 定理及其相关理论,内容丰富,叙述详尽.

本书可供数学专业的学生及老师参考使用,也可供参加数学竞赛的参赛选手及数学爱好者参考阅读.

国书在版编目(CIP)数据

Hadwiger 定理/刘培杰数学工作室编.—哈尔滨:哈尔滨工业大学出版社,2024.3

(现代数学中的著名定理纵横谈丛书)

ISBN 978－7－5603－9668－2

Ⅰ.①H… Ⅱ.①刘… Ⅲ.①定理(数学) Ⅳ.①O1

中国版本图书馆 CIP 数据核字(2021)第 195369 号

HADWIGER DINGLI

策划编辑	刘培杰	张永芹
责任编辑	刘春雷	张嘉芮
封面设计	孙茵艾	
出版发行	哈尔滨工业大学出版社	
社　　址	哈尔滨市南岗区复华四道街 10 号　邮编 150006	
传　　真	0451－86414749	
网　　址	http://hitpress.hit.edu.cn	
印　　刷	辽宁新华印务有限公司	
开　　本	787 mm×960 mm　1/16　印张 6.75　字数 64 千字	
版　　次	2024 年 3 月第 1 版　2024 年 3 月第 1 次印刷	
书　　号	ISBN 978－7－5603－9668－2	
定　　价	98.00 元	

代序

读书的乐趣

你最喜爱什么——书籍.

你经常去哪里——书店.

你最大的乐趣是什么——读书.

这是友人提出的问题和我的回答. 真的,我这一辈子算是和书籍,特别是好书结下了不解之缘. 有人说,读书要费那么大的劲,又发不了财,读它做什么? 我却至今不悔,不仅不悔,反而情趣越来越浓. 想当年,我也曾爱打球,也曾爱下棋,对操琴也有兴趣,还登台伴奏过. 但后来却都一一断交,"终身不复鼓琴". 那原因便是怕花费时间,玩物丧志,误了我的大事——求学. 这当然过激了一些. 剩下来唯有读书一事,自幼至今,无日少废,谓之书痴也可,谓之书橱也可,管它呢,人各有志,不可相强. 我的一生大志,便是教书,而当教师,不多读书是不行的.

读好书是一种乐趣,一种情操;一种向全世界古往今来的伟人和名人求

1

教的方法,一种和他们展开讨论的方式;一封出席各种活动、体验各种生活、结识各种人物的邀请信;一张迈进科学宫殿和未知世界的入场券;一股改造自己、丰富自己的强大力量.书籍是全人类有史以来共同创造的财富,是永不枯竭的智慧的源泉.失意时读书,可以使人重整旗鼓;得意时读书,可以使人头脑清醒;疑难时读书,可以得到解答或启示;年轻人读书,可明奋进之道;年老人读书,能知健神之理.浩浩乎!洋洋乎!如临大海,或波涛汹涌,或清风微拂,取之不尽,用之不竭.吾于读书,无疑义矣,三日不读,则头脑麻木,心摇摇无主.

潜能需要激发

我和书籍结缘,开始于一次非常偶然的机会.大概是八九岁吧,家里穷得揭不开锅,我每天从早到晚都要去田园里帮工.一天,偶然从旧木柜阴湿的角落里,找到一本蜡光纸的小书,自然很破了.屋内光线暗淡,又是黄昏时分,只好拿到大门外去看.封面已经脱落,扉页上写的是《薛仁贵征东》.管它呢,且往下看.第一回的标题已忘记,只是那首开卷诗不知为什么至今仍记忆犹新:

日出遥遥一点红,飘飘四海影无踪.

三岁孩童千两价,保主跨海去征东.

第一句指山东,二、三两句分别点出薛仁贵(雪、人贵).那时识字很少,半看半猜,居然引起了我极大的兴趣,同时也教我认识了许多生字.这是我有生以来独立看的第一本书.尝到甜头以后,我便千方百计去找书,向小朋友借,到亲友家找,居然断断续续看了《薛丁山征西》《彭公案》《二度梅》等,樊梨花便成了我心中的女英雄.我真入迷了.从此,放牛也罢,车水也罢,我总要带一本书,还练出了边走田间小路边读书的本领,读得津津有味,不知人间别有他事.

当我们安静下来回想往事时,往往会发现一些偶然的小事却影响了自己的一生.如果不是找到那本《薛仁贵征东》,我的好学心也许激发不起来.我这一生,也许会走另一条路.人的潜能,好比一座汽油库,星星之火,可以使它雷声隆隆、光照天地;但若少了这粒火星,它便会成为一潭死水,永归沉寂.

抄,总抄得起

好不容易上了中学,做完功课还有点时间,便常光顾图书馆.好书借了实在舍不得还,但买不到也买不起,便下决心动手抄书.抄,总抄得起.我抄过林语堂写的《高级英文法》,抄过英文的《英文典大全》,还抄过《孙子兵法》,这本书实在爱得狠了,竟一口气抄了两份.人们虽知抄书之苦,未知抄书之益,抄完毫末俱见,一览无余,胜读十遍.

始于精于一,返于精于博

关于康有为的教学法,他的弟子梁启超说:"康先生之教,专标专精、涉猎二条,无专精则不能成,无涉猎则不能通也."可见康有为强烈要求学生把专精和广博(即"涉猎")相结合.

在先后次序上,我认为要从精于一开始.首先应集中精力学好专业,并在专业的科研中做出成绩,然后逐步扩大领域,力求多方面的精.年轻时,我曾精读杜布(J. L. Doob)的《随机过程论》,哈尔莫斯(P. R. Halmos)的《测度论》等世界数学名著,使我终身受益.简言之,即"始于精于一,返于精于博".正如中国革命一

3

样,必须先有一块根据地,站稳后再开创几块,最后连成一片.

丰富我文采,澡雪我精神

辛苦了一周,人相当疲劳了,每到星期六,我便到旧书店走走,这已成为生活中的一部分,多年如此.一次,偶然看到一套《纲鉴易知录》,编者之一便是选编《古文观止》的吴楚材.这部书提纲挈领地讲中国历史,上自盘古氏,直到明末,记事简明,文字古雅,又富于故事性,便把这部书从头到尾读了一遍.从此启发了我读史书的兴趣.

我爱读中国的古典小说,例如《三国演义》和《东周列国志》.我常对人说,这两部书简直是世界上政治阴谋诡计大全.即以近年来极时髦的人质问题(伊朗人质、劫机人质等),这些书中早就有了,秦始皇的父亲便是受害者,堪称"人质之父".

《庄子》超尘绝俗,不屑于名利.其中"秋水""解牛"诸篇,诚绝唱也.《论语》束身严谨,勇于面世,"己所不欲,勿施于人",有长者之风.司马迁的《报任少卿书》,读之我心两伤,既伤少卿,又伤司马;我不知道少卿是否收到这封信,希望有人做点研究.我也爱读鲁迅的杂文,果戈理、梅里美的小说.我非常敬重文天祥、秋瑾的人品,常记他们的诗句:"人生自古谁无死,留取丹心照汗青""休言女子非英物,夜夜龙泉壁上鸣".唐诗、宋词、《西厢记》《牡丹亭》,丰富我文采,澡雪我精神,其中精粹,实是人间神品.

读了邓拓的《燕山夜话》,既叹服其广博,也使我动了写《科学发现纵横谈》的心.不料这本小册子竟给我招来了上千封鼓励信.以后人们便写出了许许多多的"纵横谈".

从学生时代起,我就喜读方法论方面的论著.我想,做什么事情都要讲究方法,追求效率、效果和效益,方法好能事半而功倍.我很留心一些著名科学家、文学家写的心得体会和经验.我曾惊讶为什么巴尔扎克在51年短短的一生中能写出上百本书,并从他的传记中去寻找答案.文史哲和科学的海洋无边无际,先哲们的明智之光沐浴着人们的心灵,我衷心感谢他们的恩惠.

读书的另一面

以上我谈了读书的好处,现在要回过头来说说事情的另一面.

读书要选择.世上有各种各样的书:有的不值一看,有的只值看20分钟,有的可看5年,有的可保存一辈子,有的将永远不朽.即使是不朽的超级名著,由于我们的精力与时间有限,也必须加以选择.决不要看坏书,对一般书,要学会速读.

读书要多思考.应该想想,作者说得对吗?完全吗?适合今天的情况吗?从书本中迅速获得效果的好办法是有的放矢地读书,带着问题去读,或偏重某一方面去读.这时我们的思维处于主动寻找的地位,就像猎人追找猎物一样主动,很快就能找到答案,或者发现书中的问题.

有的书浏览即止,有的要读出声来,有的要心头记住,有的要笔头记录.对重要的专业书或名著,要勤做笔记,"不动笔墨不读书".动脑加动手,手脑并用,既可加深理解,又可避忘备查,特别是自己的灵感,更要及时抓住.清代章学诚在《文史通义》中说:"札记之功必不可少,如不札记,则无穷妙绪如雨珠落大海矣."

许多大事业、大作品,都是长期积累和短期突击相结合的产物.涓涓不息,将成江河;无此涓涓,何来江河?

爱好读书是许多伟人的共同特性,不仅学者专家如此,一些大政治家、大军事家也如此.曹操、康熙、拿破仑、毛泽东都是手不释卷,嗜书如命的人.他们的巨大成就与毕生刻苦自学密切相关.

王梓坤

⊙ 目

录

多角形的组成

§1 几道有趣的竞赛试题

在 19 世纪初,全世界有志学习数学的青年都得到一句相同的忠告:打起你的背包到哥廷根去! 因为当时世界数学的中心恰在德国,在哥廷根.德国除了有神一般存在的伟大数学家如高斯、黎曼,还有领袖型的大数学家如希尔伯特、克莱因,当然还有那些名字经常出现在教科书中的大数学家如狄利克雷、闵可夫斯基、韦尔、诺特,等等,以及近现代像希尔泽布鲁赫、法尔廷斯等大师级人物仍层出不穷.近年数学界还在追捧被誉为神童的天才数学家舒尔茨.在这些大师辈出的背后,除了德国人理性的传统,历史的积淀,还有先进的选拔机制,比如舒尔茨就是多次 IMO 的金牌得主,所以我们有必要考察一下德国数学奥林匹克试题有什么特点.

我们暂以下面这道 2013 年德国数学竞赛的试题为例.

问题 是否可以将任意三角形划分成五个等腰三角形?

解 可以.

设 $\triangle ABC$ 的三边 $AB \geqslant AC \geqslant BC$,则 $\gamma \geqslant \beta \geqslant \alpha(\alpha \leqslant \beta < 90°)$.

过点 C 作 $CT_1 \perp AB$ 于点 T_1.设边 AC 的中垂线与 AC 交于点 T_0,与 AB 交于点 T_3.

（1）若点 T_3 与 T_1 重合,如图 1,则

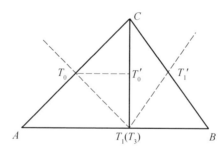

图 1

$$\text{Rt}\triangle CAT_1 = \text{等腰 Rt}\triangle AT_0T_1 \bigcup$$
$$\text{等腰 Rt}\triangle T_0T_1C$$

分别取 CT_1 的中点 T'_0,BC 的中点 T'_1.联结 $T_0T'_0$,$T_1T'_1$,则

$$\text{等腰 Rt}\triangle T_0T_1C = \text{等腰 Rt}\triangle CT_0T'_0 \bigcup$$
$$\text{等腰 Rt}\triangle T_0T'_0T_1$$
$$\text{Rt}\triangle CT_1B = \text{等腰 }\triangle CT'_1T_1 \bigcup \text{等腰 }\triangle T_1T'_1B$$

从而,$\triangle ABC$ 可划分为等腰 $\triangle AT_0T_1$,等腰

2

$\triangle CT_0T'_0$, 等腰 $\triangle T'_0T_0T_1$, 等腰 $\triangle CT_1T'_1$, 等腰 $\triangle T_1T'_1B$.

(2) 若点 T_3 与 T_1 不重合, 如图2, 则

$$\text{Rt}\triangle CAT_1 = \text{等腰} \triangle ACT_3 \bigcup \text{Rt}\triangle T_3T_1C$$

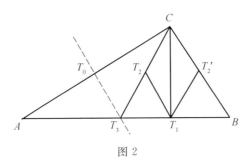

图2

接下来考虑 $\text{Rt}\triangle CT_1T_3$, $\text{Rt}\triangle CT_1B$, 只需分别取其相应斜边的中点 T_2, T'_2 即可得到等腰 $\triangle CT_2T_1$, 等腰 $\triangle T_2T_1T_3$, 等腰 $\triangle CT'_2T_1$, 等腰 $\triangle T_1T'_2B$.

从而, $\triangle ABC$ 可划分为等腰 $\triangle AT_3C$, 等腰 $\triangle CT_2T_1$, 等腰 $\triangle T_3T_2T_1$, 等腰 $\triangle CT_1T'_2$, 等腰 $\triangle T_1T'_2B$.

综上, 任意三角形都可以划分成五个等腰三角形.

其实这类剖分问题在各级各类的数学竞赛中很常见, 我们可以举出很多类似的例子. 如:

1. 设 n 为自然数, 对一个 n 边形进行三角剖分即通过联结 $n-3$ 条在 n 边形内部互不相交的对角线将多边形切割成 $n-2$ 个三角形. 设 $f(n)$ 表示能将一个正 n 边形进行三角剖分且每一个三角形均为等腰三角形的方法数. 求 $f(n)$.

(2014, 印度国家队选拔考试)

解 设想一种可将正 n 边形三角剖分且使得三角形均为等腰三角形的方式.如此,多边形的每一条边不是等腰三角形的腰就是等腰三角形的底.

若 n 边形的所有边均为腰,则 n 必为偶数,且

$$f(n) = 2f\left(\frac{n}{2}\right).$$

根据数学归纳法,当 $n = 2^k$ 时,$f(n) = \dfrac{n}{2}$(因 $f(4) = 2$).

若 n 边形的某条边不为三角形(不妨设为 T)的腰,则有且仅有该条边不为腰,且 n 为奇数.设 u 和 v 分别为三角形 T 的腰,且其又分别为三角形 X 和 Y 的边.注意到,u 不能为三角形 X 的腰而为其底.从而,三角形 X 的第三个顶点应该为边 u 一侧的顶点中"中间"的那个.记三角形 X 的腰为 u',其必为另一个三角形 X' 的底,而 X' 的第三个顶点必为 u' 一侧的顶点中"中间"的那个.否则,将不存在合理的三角剖分方法.

以此类推,运用归纳法得,当 $n = 2^k + 1$ 时,$f(n) = n$,除了当 $n = 3$ 时,$f(3) = 1$.于是,当 $n = 2^k(k \geqslant 2)$ 时,$f(n) = \dfrac{n}{2}$;当 $n = 2^k + 2^l(k - l \geqslant 2)$ 时,$f(n) = n$;当 $n = 3 \times 2^k(k \in \mathbf{N})$ 时,$f(n) = \dfrac{n}{3}$;其他情况下 $f(n) = 0$.

2.求所有正整数 n,可以使正 n 边形被切割成均为正多边形的小块?

(2013,爱沙尼亚数学奥林匹克)

解 注意到,正多边形的内角不小于 $60°$,小于

$180°$,正 n 边形的每个顶角处至多汇合两个小正多边形.

存在正 n 边形的一个顶角,仅有一个小正多边形的顶角填充,则此小正多边形与正 n 边形相似.此小正多边形与正 n 边形重合的顶角的两条边必比正 n 边形对应的两条边短.对于这个小正多边形与该顶角相邻的顶角,其补角至多被两个小正多边形的顶角填充.当这个补角被两个小正多边形的顶角填充时,此顶角为 $60°$,易得 $n=3$,如图 3.

图 3

当这个补角被一个小正多边形的顶角填充时,此顶角至少为 $60°$,则正 n 边形的顶角至多为 $120°$.因此 $n \leqslant 6$.

当 $n=4$ 时,如图 4.

图 4

当 $n=5$ 时,需要顶角为 $72°$ 的正多边形,这样的正多边形不存在.

当 $n=6$ 时,如图 5.

5

图 5

若正 n 边形的每个顶角均有两个小正多边形的顶角填充,则这两个小正多边形至少有一个是正三角形. 否则,两个顶角的度数之和不小于 $90° + 90° = 180°$,矛盾.

而另一个小正多边形可以是正三角形、正方形、正五边形,但正五边形的一个顶角与正三角形的一个顶角的度数和为 $168°$,顶角为 $168°$ 的正多边形是正三十边形.但对于正三十边形 $A_1 A_2 \cdots A_{30}$,按照每个顶角由一个正五边形和一个正三角形填充,如图 6.

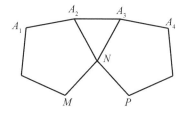

图 6

又 $\angle MNP = 360° - 60° - 108° - 108° = 84°$,区域 $\angle MNP$ 再不能由正多边形填充,矛盾.当正 n 边形的一个顶角由两个小正三角形的顶角填充时,正 n 边形的顶角为 $120°$,$n = 6$,如图 7.

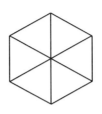

图 7

当正 n 边形的一个顶角由一个小正三角形的顶角和一个小正方形的顶角填充时,正 n 边形的顶角为 $150°$,$n=12$,如图 8.

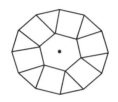

图 8

故 $n=3,4,6,12$.

3.一个凸多边形 Π 的三角剖分是指用多边形 Π 的没有公共内点的对角线将其分为三角形的一种分割.若分割出的所有三角形的面积均相等,则称这样的三角剖分为"好的".证明:凸多边形 Π 的任意两个不同的好的三角剖分中恰有两个三角形不同,即证明在第一个好的三角剖分中可以将其剖分出的一对三角形用另一对不同的三角形替代得到第二个好的三角剖分.

（第 56 届 IMO 预选题）

证明　由于凸 n 边形的每个三角剖分均恰剖分出 $n-2$ 个三角形,则凸多边形 Π 的任意两个好的三角剖分中剖分出的三角形的面积均相等.

7

设 Γ 为凸多边形 Π 的一个三角剖分. 若 Π 的四个顶点 A, B, C, D 构成一个平行四边形, Γ 中包含两个三角形, 且这两个三角形合起来即为该四边形, 则称 Γ 包含 $\square ABCD$. 若凸多边形 Π 的两个好的三角剖分 Γ_1, Γ_2 恰好有两个三角形不同, 则每一对三角形合起来是同一个四边形, 由该四边形的每条对角线均平分其面积, 知该四边形为平行四边形.

下面证明三角剖分的两个引理.

引理 1　凸多边形 Π 的一个三角剖分不能包含两个平行四边形.

引理 1 的证明　假设在同一个三角剖分 Γ 中有两个平行四边形 P_1 和 P_2. 若 P_1 和 P_2 中包含 Γ 中的一个公共的三角形, 不妨假设 P_1 包含 Γ 中的 $\triangle ABC$ 和 $\triangle ADC$, P_2 包含 Γ 中的 $\triangle ADC$ 和 $\triangle CDE$, 如图 9.

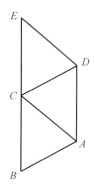

图 9

因为 $BC /\!/ AD /\!/ CE$, 所以凸多边形 Π 的三个顶点 B, C, E 共线, 与题意矛盾.

若平行四边形 P_1 和 P_2 中不包含 Γ 中的公共三角形, 设 P_1 为 $\square ABCD$, 则边 AB, BC, CD, DA 将凸多

8

边形 Π 分割为若干个区域. 故 P_2 包含在其中的一个区域中. 不妨假设 P_2 包含在与 P_1 有公共边 AD 的区域中. 记 P_2 的顶点分别为 X, Y, Z, T, 则多边形 $ABCDXYZT$ 为凸的, 如图 10(点 D 与 X 重合或点 A 与 T 重合均是有可能的, 且该多边形至少有六个顶点).

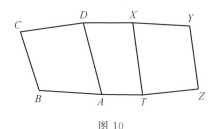

图 10

由于 $\angle B, \angle C, \angle Y, \angle Z$ 的外角之和为 $360°$, 与凸多边形 $ABCDXYZT$ 的外角之和为 $360°$ 矛盾.

引理 2 凸多边形 Π 的一个好的三角剖分 Γ 中的每一个三角形包含 Π 的一条边.

引理 2 的证明 设 $\triangle ABC$ 为 Γ 中的一个三角形. 用仿射变换将 $\triangle ABC$ 映射为正 $\triangle A'B'C'$, 且该仿射变换将 Π 映射为 Π', 则 Γ 映射为 Π' 的好的三角剖分 Γ'.

假设 $\triangle A'B'C'$ 的每条边均不为 Π' 的边, 则 Γ' 中包含其他与 $\triangle A'B'C'$ 有公共边的三角形, 不妨设为 $\triangle A'B'Z, \triangle C'A'Y, \triangle B'C'X$, 且六边形 $A'ZB'XC'Y$ 为凸的, 如图 11.

由于 $\angle X, \angle Y, \angle A'B'$ 的外角之和小于 $360°$, 则一定存在一个角(不妨记为 $\angle A'ZB'$)的外角小于 $120°$. 于是, $\angle A'ZB' > 60°$. 这表明, 点 Z 在弧度小于

9

$240°$ 的 $\overarc{A'B'}$ 上，从而，$\triangle A'B'Z$ 的高 $ZH < \dfrac{\sqrt{3}}{2} A'B'$.

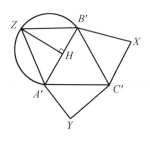

图 11

因此，$S_{\triangle A'B'Z} < S_{\triangle A'B'C'}$，即 Γ' 不是好的三角剖分，矛盾.

引理 1,2 得证.

若 Π 的三角剖分中存在一个三角形包含 Π 的两条边，则称该三角形是一只"耳朵". 故一个多边形的每一个剖分均包含一些耳朵.

假设结论不成立. 选择一个边的数目最少的凸多边形 Π，使得存在 Π 的两个好的三角剖分 Γ_1 和 Γ_2 不满足 Γ_1 和 Γ_2 中恰有两个三角形不同，则 Π 至少有五条边. 考虑 Γ_1 中的任意一只耳朵 $\triangle ABC$，且 AC 为凸多边形 Π 的一条对角线. 若 Γ_2 中包含 $\triangle ABC$，则将 Π 包含的 $\triangle ABC$ 切掉，得到边数更少且也不满足结论的凸多边形，矛盾. 因此，Γ_2 不包含 $\triangle ABC$.

在 Γ_1 中包含一个三角形与 $\triangle ABC$ 有公共边 AC，不妨设为 $\triangle ACD$. 由引理 2，知这个三角形包含 Π 的一条边. 于是，在 Π 的边界上，点 D 要么与 A 相邻，要么与 C 相邻. 不妨假设点 D 与 C 相邻.

假设 Γ_2 不包含 $\triangle BCD$，则 Γ_2 包含两个不同的

10

$\triangle BCX$ 和 $\triangle CDY$(点 X 与 Y 可能重合).因为这些三角形没有公共的内点,所以,多边形 $ABCDYX$ 为凸的.如图 12.又

$$S_{\triangle ABC} = S_{\triangle BCX} = S_{\triangle ACD} = S_{CDY}$$

则 $AX /\!/ BC, AY /\!/ CD$,这是不可能的.

于是,Γ_2 包含 $\triangle BCD$.由

$$S_{\triangle ABD} = S_{\triangle ABC} + S_{\triangle ACD} - S_{\triangle BCD} = S_{\triangle ABC}$$

知 Γ_1 中包含 $\square ABCD$.

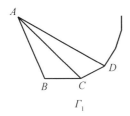
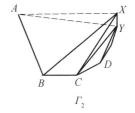

图 12

设 Γ' 为由 Γ_1 中用对角线 BD 代替 AC 得到的 Π 的一个好的三角剖分,则 Γ' 与 Γ_2 不同(否则,Γ_1 和 Γ_2 中恰有两个三角形不同).由于 Γ' 与 Γ_2 有一只公共的耳朵 $\triangle BCD$,和前面一样,从 Π 中切掉 $\triangle BCD$,可得 Γ_2 和 Γ' 中恰有两个三角形不同,且 Γ' 中包含由这两个三角形构成的一个不同于 $\square ABCD$ 的平行四边形,与引理 1 矛盾.

4.设整数 $n \geqslant 4$.证明:可以将任意一个三角形剖分为 n 个等腰三角形.

(第六届陈省身杯全国高中数学奥林匹克)

证明　先证 $n = 4, 6$ 时,结论成立.

任给 $\triangle ABC$,设 AB 为 $\triangle ABC$ 的最长边(若最长边不止一条,则为其中之一).若 AB 是唯一的最长边,

则仅有 $\angle ABC$ 可能不为锐角.

作 $CD \perp AB$ 于点 D.于是,点 D 在边 AB 内部,得到 Rt$\triangle ACD$,Rt$\triangle BCD$.

设边 AC 的中点为 E,边 BC 的中点为 F,则 E 为 Rt$\triangle ACD$ 的外心,F 为 Rt$\triangle BCD$ 的外心.

这表明,$EA = EC = ED$,$FB = FC = FD$.

从 而,$\triangle ADE$,$\triangle CDE$,$\triangle BDF$,$\triangle CDF$ 均 为 等腰三角形,如图 13.

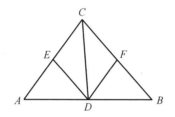

图 13

故结论对 $n = 4$ 成立.

继续上述的剖分,证明题中结论对 $n = 6$ 成立.

注意到,在上述的剖分中,$\angle DEA + \angle DEC = 180°$.

事实上,若 $\angle DEA \neq \angle DEC$,则

$$\min\{\angle DEA, \angle DEC\} < 90°$$

为确定起见,不妨设 $\angle DEA < 90°$.

于是,$\triangle ADE$ 为锐角三角形,其外心 O 在其内.

联结 OA,OD,OE,于是,将 $\triangle ADE$ 分成了三个等腰三角形,连同原来的等腰 $\triangle CDE$,等腰 $\triangle BDF$,等腰 $\triangle CDF$,如图 14,一共有 6 个等腰三角形.

若 $\angle DEA = \angle DEC = 90°$,则 $\triangle ADE$ 与 $\triangle CDE$ 均为等腰直角三角形,易将它们每一个均分成两个等

腰直角三角形,连同等腰 $\triangle BDF$,等腰 $\triangle CDF$,一共有 6 个等腰三角形.

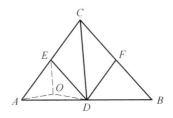

图 14

综上,结论对 $n=6$ 成立.

下面证结论对 $n=5$ 成立.

(1) 若 $\triangle ABC$ 的三个内角相等,则其为等边三角形,有多种方法将其分为五个等腰三角形,如将等边 $\triangle ABC$ 的中心 O 分别与三个顶点相连,得到三个顶角为 $120°$ 的等腰三角形,再将其中之一的等腰三角形分成两个顶角为 $120°$ 的等腰三角形和一个等边三角形即可.

(2) 在 $\triangle ABC$ 中,设 $\angle ACB > \angle CAB$.从而,$AB > AC$.

作为 AC 的中垂线与直线 AB 交于点 E.则点 E 在边 AB 上,且有 $AE = CE$.再作边 AB 上的高 CD,则垂足 D 也在边 AB 上.

下面对点 E 和 D 的三种可能的位置关系进行讨论.

情况 1:点 E 与 D 重合.

此时,$\triangle BCE$ 为直角三角形,通过联结点 E 与边 BC 的中点,将其分为等腰三角形 T_1 和等腰三角形 T_2;而 $\triangle ACE$ 为等腰直角三角形,因而,边 AC 的中垂

13

线已将其分为等腰直角三角形 T_3 和等腰直角三角形 T_4；再作其中一个等腰直角三角形（如等腰直角三角形 T_4）的斜边中线，又可将其分为两个等腰直角三角形，共得五个等腰三角形，如图 15.

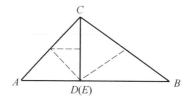

图 15

情况 2：点 E 在线段 AD 上.

此时，$\triangle BCD$，$\triangle ECD$ 为两个直角三角形，通过联结斜边中线分别将它们分为两个等腰三角形，连同等腰 $\triangle ACE$，一共有五个等腰三角形，如图 16.

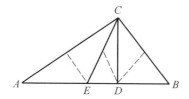

图 16

情况 3：点 E 在线段 BD 上.

此时，$\angle CEB$ 为钝角，即 $\triangle BCE$ 为钝角三角形.

作边 BC 上的高 EF，得到 $\text{Rt}\triangle BEF$ 和 $\text{Rt}\triangle CEF$，再利用斜边中线分别将其分成两个等腰三角形，连同等腰 $\triangle ACE$，一共有五个等腰三角形.

综上，结论对 $n=5$ 成立.

从而，结论对 $n=4,5,6$ 均成立.

假设结论对 $n=k \geqslant 4$ 成立,将任给的某个 $\triangle ABC$ 分成 k 个等腰三角形 $T_1, T_2, \cdots, T_k$,则只要作出其中一个三角形,如等腰三角形 T_k 的三条中位线,就可将其进一步分成四个均与等腰三角形 T_k 相似的三角形,因而,共得 $k+3$ 个等腰三角形.

因为设了三个起点,即 $n=4,5,6$,所以,当以 3 为跨度进行归纳时,结论对一切 $n \geqslant 4$ 均成立.

这个问题曾经出现在 1976 年的 *Crux Mathematicorum* 上.1977 年,Gali Salvatore 给出了一个非常漂亮的解答.

首先,让我们来看一看如何把任意一个三角形分成 4 个等腰三角形.如图 17,作出三角形的高,把整个三角形分成两个小直角三角形.对于每一个直角三角形,作出斜边上的中线后都将会把它分成两个小等腰三角形.于是,我们就把整个三角形分成 4 个小等腰三角形.

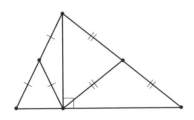

图17

我们借此还能实现,把任意一个三角形分成 7 个等腰三角形:

只需要先把它分成 4 个等腰三角形,然后再次套用上述方法,把其中一个小等腰三角形继续细分成 4

个更小的等腰三角形即可.

事实上,我们还可以继续这样做下去,从而让等腰三角形的数目3个3个地增加.因此,$n=4,7,10,13,\cdots$的情况便全部解决了.

由于我们可以让任意分割方案中的等腰三角形数目加3,因而如果 $n=5$ 和 $n=6$ 的情况也解决了,$n=5,$8,11,14,$\cdots$ 和 $n=6,9,12,15,\cdots$ 的情况也都自然地解决了,结论也就证明了.所以,接下来我们只需要考虑 $n=5$ 和 $n=6$ 的情况.

$n=6$ 的情况非常简单,如图18,只需要把三角形分成两个直角三角形,再把其中一个直角三角形继续细分成两个更小的直角三角形,最后作出三个直角三角形各自斜边上的中线即可.

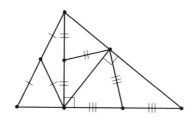

图18

$n=5$ 的情况呢?我们有一个妙招:先在三角形里分出一个等腰三角形来(图 19),然后把剩下的那个三角形分成四个小等腰三角形.

但是,上面这招有一个缺陷:它不能用于等边三角形.

为了从原三角形中分出一个等腰三角形来,我们

16

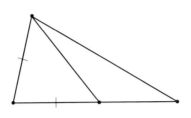

图19

需要在某条边上截取一段,使得它等于另外一条边的长度.但是,如果三角形的三条边全都一样长,这一点就做不到了.

因此,我们必须单独为等边三角形想一种把它分成 5 个等腰三角形的方案.

好在这并不困难,我们有很多种办法,例如,像图 20 这样.

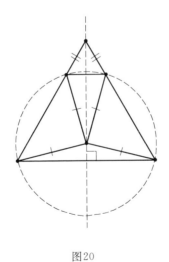

图20

Which Way Did the Bicycle Go 一书中给出了更多不同的把等边三角形分成 5 个等腰三角形(图 21)的方案.

图21

至此为止,问题就全部解决了.

这个问题看似初等,但它的背景极深,甚至可以和世界著名数学家亚历山大洛夫的某项工作联系起来.

后面要介绍的是有关剖分的哈德维格尔定理.

哈德维格尔(Huro Hadwiger)是瑞士数学家,1908 年 12 月 23 日出生,曾在柏林、汉堡求学.1945 年开始担任伯尔尼大学教授,曾在美国的普林斯顿工作.他是研究测量学理论与积分学理论之间关系问题的一个学派的创始人,著有《体积、表面积与等周问题讲义》《平面组合几何》(与捷伯鲁尼耶尔合作)等.

§2 博利亚－盖尔文定理

1.剖分法 我们观察图 22 所展示的两个图形(十字形的所有线段彼此相等;正方形的一边与线段 *AB* 相等).在图上的一些虚线,把这两个图形剖分成数目

18

相同的相等部分(这两个图形里的相等部分用同一数码标出).这个事实用术语表述如下:图 22 的两个图形组成相等.换句话说,如果用一定的方式把两个图形中的一个剖分成有限个部分以后,又可以用其他方式配置这些部分,以组成这两个图形中的另一个,那么,这两个图形叫作组成相等.

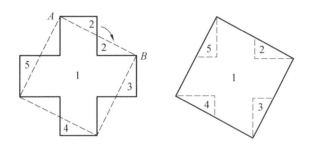

图22

　　显然,两个组成相等的图形大小相等,就是说它们的面积相等.在这个基础上建立起来的计算面积的简单方法,叫作剖分法(或者叫作划分).这个方法(两千多年以前的欧几里得已经知道)规定如下:为了计算面积,用这样一个方法,把一个图形剖分成有限个部分,使得由这些部分可以组成一个更简单的图形(后一图形的面积为已知).我们回忆在中学几何教程里应用这个方法所熟悉的一些例子.图 23 给出一个计算平行四边形的面积的方法:一个平行四边形和一个矩形如果等底等高,那么它们是组成相等的,从而它们也是大

Hadwiger 定理

小相等的①.

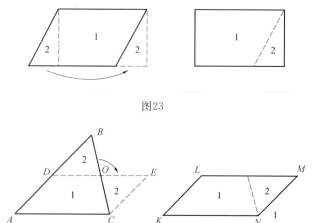

图 23

图 24

①　但是,应该指出,用这样一个简单的分法(截出一个三角形)未必能达到目的.在下图表示的情形中,把一个平行四边形剖分成两部分并不能达到目的,而需要把平行四边形剖分成更多的部分,使得这些部分构成一个与平行四边形等底等高的矩形(参看后面引理 3 的证明).

图 24 表明,能够这样来计算一个三角形的面积:一个三角形的面积等于一个底边与它相等而高只有它的一半的平行四边形的面积(因为这两个图形组成相等).最后,图 25 给出一个计算梯形面积的方法.

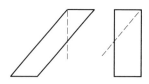

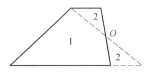 

图25

当然,可以研究曲线图形的组成相等的问题(例如,参看图 26),但是这里不研究这样的图形[①].我们在这一章仅研究多角形.

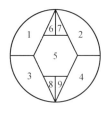 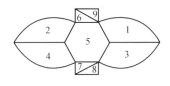

图26

因此,任意两个组成相等的多角形大小相等.一个相反的问题自然而然地会提出来:任意两个面积相等的多角形是否组成相等呢? 匈牙利数学家法尔卡士·博利亚(Bolyai,Wolfgang Farkas,1832 年)和德国军官中的数学爱好者盖尔文(Gerwien,1833 年)(几乎同时)给出了这个问题的肯定回答.我们就来谈谈博利亚 — 盖尔文定理的证明吧.

---

① 曲线图形的面积度量问题(利用一个极限过程)归结到多角形的面积度量问题 —— 只要回忆中学几何教程里的圆面积的计算,就证实了这句话.因此,限定只研究多角形的度量问题,却是我们研究面积度量的基本的和最原则的问题.第二章和这里一样,也只研究多面体的度量问题;曲面几何体的体积的计算问题就不研究了.

2.博利亚－盖尔文定理　我们首先证明几个辅助定理.

引理 3　如果图形 A 和图形 B 组成相等,而图形 B 和图形 C 组成相等,那么图形 A 和图形 C 也组成相等.

事实上,首先,我们在图形 B 上画一些直线,把图形 B 剖分成这样一些部分,由这些部分可以组成图形 A(图 27(a) 中的实线).其次,我们在图形 B 上又画一些直线,把图形 B 剖分成若干个部分,由这些部分可以构成图形 C(图 27(b) 中的实线).两次所画的直线合并起来把图形 B 剖分成更小的部分,并且很明显,由这些更小的部分,可以构成图形 A,也可以构成图形 C.所以,图形 A 和图形 C 组成相等.

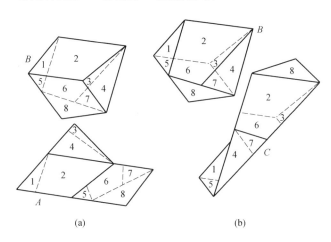

(a)　　　　(b)

图27

引理 4　任何三角形与一个矩形组成相等.

事实上,假设 AB 是 $\triangle ABC$ 的最长的一边(图

22

28），CD 是 AB 边上的高.于是点 D 介于点 A 和点 B 之间（如果不然，$\angle A$ 或 $\angle B$ 是钝角，AB 就不是最长的一边，参看图 29）.通过高 CD 的中点作一条平行于 AB 的直线,在这条直线上作两条垂线 AE 和 BF.于是我们得到一个和 $\triangle ABC$ 组成相等的矩形 $AEFB$.事实上,图 28 里标记数码 1 的两个三角形彼此相等（标记数码 2 的两个三角形也彼此相等）.$\triangle ABC$ 和矩形 $AEFB$ 都是由图 28 里一个带有斜纹的梯形以及两个三角形 1 和 2 所构成.

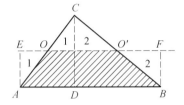

图28

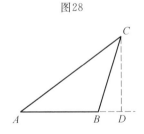

图29

引理 5 共有底边且面积相等的两个平行四边形组成相等.

假设 $ABCD$ 和 $ABEF$ 是共有一条底边 AB 且面积相等的两个平行四边形.于是这两个平行四边形的高相等,就是线段 DC 和线段 FE 在一条直线上.在 AB 的延长线上顺次截取一些与线段 AB 相等的线段,通过每个分点作平行于 AD 和 AF 的直线.于是在两条平行直线 AB 和 DE 之间的一条长带划成许多个多角形(图 30).在平移一段距离 AB 以后,这些多角形中的每一个和与它相等的另一个重合.

(证明!)首先,图 30 里各个相等的多角形用相同的数码标记.其次指出,这两个平行四边形 $ABCD$ 和 $ABEF$ 都含有一个标记数码 1 的部分,一个标记数码 2 的部分,一个标记数码 3 的部分,等等.所以,这两个平行四边形组成相等.①

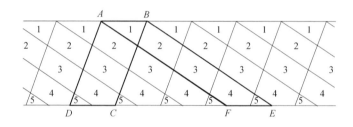

图30

引理 6   面积相等的两个矩形组成相等.

---

① 如果图 30 所表示的两个平行四边形 $ABCD$ 和 $ABEF$ 是这样的,两条边 AF 和 BC 不相交,那么图 30 成为下图的形式,只要在平行四边形 $ABCD$ 内截出一个三角形,使截得的两部分可以构成平行四边形 $ABEF$ 即可(参看第 20 页的脚注).

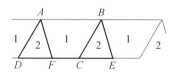

假设 $ABCD$ 和 $EFGH$ 是面积相等的两个矩阵（图 31）.从四条线段 AB,BC,EF,FG 中选出最长的一条,假设它是线段 AB.现在从点 H 开始把线段 GH 延长,从点 E 用等于 AB 长的半径在 GH 的延长线上画一个弧（因为 $AB \geqslant EH$,所以圆心在点 E、半径等于 AB 之长的圆周能和 GH 的延长线相交）.用 L 表示得到的一个交点,则有 $AB = EL$,又截取线段 $LK = EF$,我们作成一个平行四边形 $EFKL$.这个平行四边形与矩形 $EFGH$ 大小相等（与矩形 $ABCD$ 大小相等）.根据引理 5 推出,具有一条公共底边 EF 的两个平行四边形 $EFGH$ 和 $EFKL$ 组成相等.因为平行四边形 $ABCD$ 和 $EFKL$ 也有相等的边 $AB = EL$,所以（根据引理 5）它们组成相等.最后,因为平行四边形 $EFKL$ 和两个矩形 $ABCD$ 及 $EFGH$ 中的每一个都组成相等,所以（引理 3）这两个矩形组成相等.

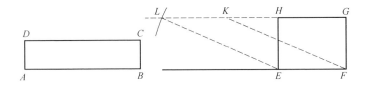

图31

引理 7　任何多角形与一个矩形组成相等.

任何多角形（不论是凸的或凹的）可以剖分成有限个三角形.首先,用数码 $1,2,3,\cdots$ 来表示这些三角形（图 32）.其次,我们选定任意一条线段 AB,在线段 AB 的两个端点上作两条垂线 AC 和 BD（图 33）.我们作出与 AB 平行的一条线段 A_1B_1,使矩形 ABB_1A_1 的面积等于三角形 1 的面积,那么三角形 1 与矩阵 ABB_1A_1(标记数码 I)组成相等.事实上,三角形 1 与一个矩形组成相等(引理 4),而这个矩形也和具有同样面积的矩形 I 组成相等(引理 6),因此三角形 1 和矩形 I 组成相等(引理 3).随后,我们又作出与线段 AB 平行的一条线段 A_2B_2,使标记数码 II 的矩形 $A_1B_1B_2A_2$ 与三角形 2 大小相等,则三角形 2 和矩形 II 组成相等.后面我们还会作出与三角形 3 组成相等的矩形 III,就照这样作下去.所作的这些矩形 I,II,III,… 共同构成一个矩形(图 33 的斜纹矩形).根据作图,这个矩形与原来的多角形组成相等.

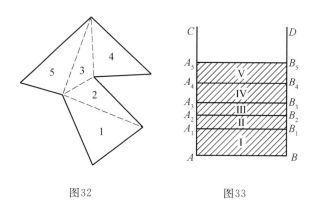

图32   图33

现在有了这些引理,就不难证明博利亚 — 盖尔文定理.

博利亚 — 盖尔文定理   面积相等的两个多角形组成相等.

证明   根据引理 7,两个多角形中的每一个和一个矩形组成相等,因而得到两个面积相等的矩形,因此它们组成相等(引理 6).所以最初的两个多角形组成相

等(引理 3).

　　注　博利亚－盖尔文定理中的"多角形",并没有必要理解为由一条封闭折线围成的平面的一部分.而这个定理,对于由若干条封闭折线围成的更复杂的图形,仍然正确(如图 34 所表示的图形).其实,把多角形剖分成一些三角形的可能性是"多角形"的单一性质,我们在前面已经应用过这种性质(参看引理 7 的证明).然而用若干条封闭折线围成的每一个图形,都具有这种性质(图 34).

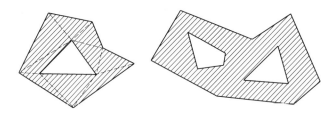

图34

　　3.拼补法　常常用计算面积的另一种方法来代替剖分法,在某种意义上来说这是另一种方法,和剖分法相反,这个方法叫作拼补法,我们现在就来研究它.现在我们不设法去剖分两个图形分成相等的部分,而用一些相等的部分来拼补这两个图形,务必使得如此拼成的两个图形相等.我们再来考虑图 22 所表现的两个图形.它们的面积相等(因为它们组成相等).但是这两个图形的面积相等,可以用另外的方法来证明(图 35):用四个相等的三角形来拼补十字形和正方形,结果得到同一个图形.由此可见,最初的两个图形(十字形和正方形)大小相等.

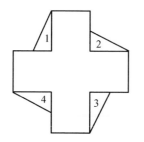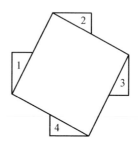

图35

对于初等几何定理的证明,拼补法是有成效的.例如,为了证明一个平行四边形和一个矩形如果等底等高,那么它们大小相等,这个定理,只要把它们变成图36 的形状就可以.从图 36 看出,平行四边形和矩形可以用同样的三角形拼补成同样的梯形,所以平行四边形和矩形大小相等[①].

图36

用这个方法容易证明毕达哥拉斯(Pythagoras)定理.假设 $\triangle ABC$ 是一个直角三角形.为了证明在斜边上作出的正方形 Ⅰ 的面积等于在两条直角边上作出的正方形 Ⅱ 和 Ⅲ 的面积之和(图37),这一事实,只要

---

① 计算平行四边形的面积的这种方法,比平常用的方法(图 23)好.事实上,图 36 所表现的方法采用起来,永远比图 23 所表现的方法优越(参看第 20 页的脚注).

28

用图 38 的方法就行.图 38 表明,正方形 Ⅱ 和 Ⅲ 可以用
等于 $\triangle ABC$ 的四个三角形拼补成一个正方形;正方形
Ⅰ 也可以用同样的四个三角形拼补成一个正方形,这
两个拼补而成的正方形是完全一样的,这个正方形的
边长等于 Rt$\triangle ABC$ 的两条直角边之和.这就证明了毕
达哥拉斯定理.为了与此比较,我们也画出了用剖分法
来证明毕达哥拉斯定理的图[①](图 39).

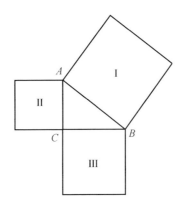

图37

我们规定,如果两个图形都添补几个同样的多角
形,可以得到两个同样的图形,那么我们就可以说,两
个原来的图形拼补相等.显然,两个拼补相等的图形面
积相等.自然会提出一个相反的问题:任意两个图形如
果具有同样的面积,是否就可以说它们拼补相等呢?
由博利亚 － 盖尔文定理,容易得到这个问题的肯定回
答.

---

　　① 　这个图从 Д.О.土克李耶尔斯基等人著的书中绪言里的引证移
用过来.

29

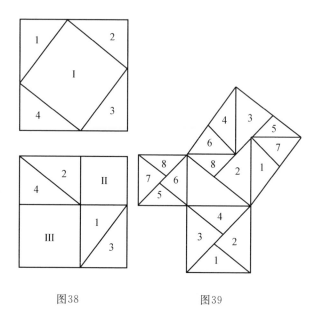

图38   图39

定理 1　面积相等的两个多角形拼补相等.

证明　假设 A 和 B 是面积相等的两个多角形.我们选定两个相等的正方形,它们的面积是如此之大,使得它们的内部可以分别放置多角形 A 和多角形 B.从一个正方形里截去如多角形 A 的一块而从另一个正方形里截去如多角形 B 的一块.由于 A 和 B 的面积相等,我们就得到大小相等的两个图形 C 和 D(图 40 的两个斜纹图形).由图形 C 和图形 D 的面积相等,便推出它们组成相等(根据博利亚－盖尔文定理),所以,图形 C 和 D 可以剖分成两两相等的部分,这就证明了多角形 A 和多角形 B 拼补相等.

本章这些定理说明,对于平面多角形来说,组成相等和拼补相等都意味着,和大小相等完全一样.但是我

30

们将在第二章看到,空间(在研究多面体的情形下)的情形就完全不是这样.

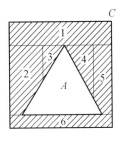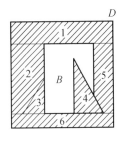

图40

§3　哈德维格尔 — 格留尔定理

博利亚 — 盖尔文定理证明了大小相等和组成相等的概念对于多角形是等价的,这个定理对多角形组成相等的进一步研究开辟了许多条道路.特别提出一个有趣味的问题:能否把某些拼补条件加到那些部分的图形上或者配置上去,而由这些部分构成大小相等的多角形呢? 两位瑞士数学家哈德维格尔和格留尔在1951 年得到了一个卓越的结果.他们在博利亚 — 盖尔文定理中规定了一个补充条件,这个补充条件是:把两个大小相等的多角形中的一个剖分成有限个部分,第二个多角形内等于它们的部分有对应平行的边.初看这个结果似乎难以相信,不易验证.倘若我们把两个相等的三角形彼此相对地转动任意一个角度(图 41),总可以剖分成具有对应平行的边的相等部分.然而,不仅对于大小相等的三角形,而且对于大小相等的任意多角形,这种剖分都是存在的.本节给出这个事实的证明.

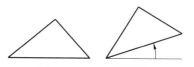

图41

1.运动 我们又回到上节的博利亚 — 盖尔文定理的证明.在引理 5 的证明(图 30)中,我们把平行四边形 $ABCD$ 剖分成若干个部分(用数码 $1,2,3,\cdots$ 标记),由这些部分可以构成平行四边形 $ABEF$.由图 30 看出,为了构成平行四边形 $ABEF$,只要利用各部分的平移,就是只要把每一部分移动某一段距离,在这种平移下没有转动①.例如,图 23 所表示的两个平行四边形

————————

① 我们回忆平移的定义.设 PQ 是一条有向线段(矢量);它的方向在下图用箭头标出.取定任意一个点 M,自点 M 作一条与线段 PQ 相等并且平行的线段 MM',MM' 的方向和 PQ 的方向相同;我们说,点 M'(线段 MM' 的端点)是由点 M 平移一段距离 PQ 而得到.某个图形 F 的所有的点都平行移动一段距离 PQ 后,便得到一个新的图形 F',我们也说,图形 F' 是由图形 F 平移一段距离 PQ 而得到.显然,对于自图形 F' 移到 F 的相反过程,需要平移一段距离 QP,此处线段 QP 和线段 PQ 重合,但是方向相反.又指出,自图形 F 移到它自己的过程,也作为一个平移看待(平移"零距离").

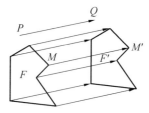

32

组成相等的证明,利用了一个平移.

　　对于证明图 24 或者图 25 所表示的两个图形组成相等,已经不单是利用平移,证明这两个图形的组成相等,除了利用平移以外,还要利用中心对称[1].事实上,图 24 中用 △COE 代替 △BOD 以后(利用关于点 O 的中心对称),得到一个平行四边形 ADEC,然后利用一个平移使平行四边形 ADEC 和平行四边形 KLMN 重合.同样可以证明图 25 所表示的两个图形组成相等.在引理 4 的证明中我们也利用过一个中心对称(图 28).

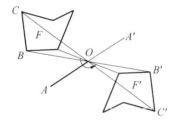

图42

　　我们现在回忆到引理 6 的证明(图 31).矩形 ABCD 和 EFGH 组成相等的证明,分成两步:首先证明矩形 EFGH 和平行四边形 EFKL 组成相等,然后证明后者和矩形 ABCD 组成相等.图形 EFGH 和 EFKL 组成相等可以只利用平移来证明(根据引理 5,因为平行四边形 EFGH 和 EFKL 有一条公共底边).虽然平

---

　　① 我们回忆中心对称的定义.假设 O 是某个点(对称中心).假设 AA′ 是一条线段,它的中点是 O,则它的两个端点 A 和 A′ 叫作关于中心 O 对称.以某个图形 F 的所有的点的中心对称点来代替,它的一切点得到一个新的图形 F′.两个图形 F 和 F′ 叫作(关于中心 O)互相中心对称.从这两个图形中的一个移到另一个的过程,都叫作中心对称(图 42).

行四边形 $ABCD$ 和 $EFKL$ 有相等的边 $AB=EL$，但是 AB 和 EL 不平行，为了应用引理 5，首先需要旋转平行四边形 $EFKL$，使得 EL 平行于 AB．所以，上面叙述的引理 6 的证明，利用了图形 $EFKL$ 的一个旋转，其旋转角为某个角（理解为图形 $EFKL$ 剖分为部分的旋转）.

我们看到，在 §2 节里所研究的大多数情形，证明图形的组成相等只利用过中心对称和平移.例外的是引理 6，为了证明它，利用过图形的一个旋转.自然会产生一个问题：在引理 6 的证明中能否设法不利用旋转呢？一般地说，证明任意两个大小相等的多角形组成相等，是否不必利用组成部分的旋转，就是只利用中心对称和平移？为了回答这些问题，我们需要研究运动的一些性质.

平移、中心对称、旋转①是运动的三个例子.任意的运动可以是如下的形式：某个图形 F 从它所在的平面上"剪出"，把它"稳定地而且完整地"移动到新的位置 F'；于是自图形 F 移到图形 F' 的过程叫作运动②（图 43）.我们用小写字母表示运动.

凡运动 d 都有逆运动，就是说每个图形可以由它的新位置变动回到从前的旧位置，图形的新位置就是运动 d 的结果.例如，平移距离为 PQ 的平移的逆运动是平移距离为 QP 的平移（线段 QP 的方向与线段 PQ

---

① 中心对称是旋转的特殊情形：为了用一个中心对称来变换某个图形，只需把它绕着对称中心旋转 $180°$（图 42）.

② 这里谈到一个图形（图形 F）的运动.通常说到运动是指整个平面（和平面上的一切图形）的运动而言.例如，"平移距离是 PQ 的平移"可以应用到平面上的任意一个图形，即平移是整个平面运动；"关于中心 O 的中心对称"也是整个平面的运动，诸如此类.

的方向相反).关于点 O 的中心对称的逆运动仍旧是关于点 O 的中心对称.我们把这些结果叙述成特殊引理的形式.

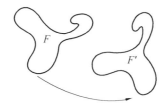

图43

引理 8　如果运动 d 是一个平移或者是一个中心对称,那么它的逆运动也是一个平移或者是一个中心对称.

运动可以一个接着一个地相继实现.例如,我们首先实行一个平移(第一运动);接着实行一个中心对称(第二运动).如果首先实行一个运动 d_1,然后实行一个运动 d_2,那么结果得到一个新的(结果的)运动,我们用 $d_1 \cdot d_2$ 表示它[①];这个新的运动叫作运动 d_1 和 d_2 的积.

引理 9　关于中心 O_1 和 O_2 的两个中心对称的积是一个平移为 $2O_1O_2$ 的平移.

事实上,假设 A' 是点 A 关于 O_1 的一个对称点,A'' 是点 A' 关于 O_2 的一个对称点.于是 O_1O_2 是 $\triangle AA'A''$[②] 的两边中点的连线,即线段 AA'' 与线段

[①]　通常不用 $d_1 \cdot d_2$ 表示相继实行两个运动 d_1 和 d_2 的结果,而是用 $d_2 \cdot d_1$ 来表示.

[②]　如果点 A 在直线 O_1O_2 上,那么三个点 A,A',A'' 共线,即不构成一个三角形.但是结论对这种情形仍旧正确.

O_1O_2 平行,而且线段 AA'' 的长等于线段 O_1O_2 的长的 2 倍(图 44).所以,平移距离为 $PQ=2O_1O_2$ 的平移,把任意一个点 A 变成同一个点 A'',在相继实行两个关于中心 O_1 和 O_2 的中心对称下,A 变成 A''.

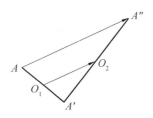

图44

引理 10 关于中心 O_1,O_2 和 O_3 的三个中心对称的积是一个中心对称.

事实上,假设 O 是这样一个点,线段 O_1O_2 和线段 OO_3 相等、平行而且同方向(图 45).于是关于中心 O_1 和 O_2 的两个中心对称的积,与关于中心 O 和 O_3 的两个中心对称的积重合(因为根据引理 9,这两个积都是平移,平移距离为 $2O_1O_2=2OO_3$).所以,我们可以用关于中心 O,O_2,O_3 的三个中心对称的乘积,来代替关于中心 O_1,O_2,O_3 的三个中心对称的乘积,显然,关于中心 O,O_3,O_3 的三个中心对称的乘积是一个关于中心 O 的中心对称(因为相继实行两个关于同一个

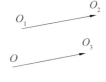

图45

中心 O_3 的中心对称的结果,使每一个点回到原来的位置.)

引理 11 如果两个运动 d_1,d_2 中的每一个是一个平移或者一个中心对称,那么它们的积 $d_1 \cdot d_2$ 是一个平移或者一个中心对称.

事实上,因为一个平移可以归结到两个中心对称(由引理 9 容易证明此事实),所以引理中所述的两个运动便归结到二个、三个或者四个中心对称.但是两个中心对称归结为一个平移(引理 9),三个中心对称归结成一个中心对称(引理 10),而四个中心对称仍旧归结成两个中心对称(因为三个中心对称归结成一个中心对称),最后用一个平移代替这两个中心对称.所以在一切情形下,积 $d_1 \cdot d_2$ 或者是一个中心对称,或者是一个平移.

2.哈德维格尔－格留尔定理 我们说,两个多角形 S 型组成相等①,如果可以只利用平移和中心对称决定它们组成相等.换句话说,两个多角形 S 型组成相等,如果把两个多角形中的一个剖分成有限个部分 M_1,M_2,M_3,$\cdots$,而另一个也剖分成同样数目的对应相等的部分 M'_1,M'_2,M'_3,$\cdots$,并且多角形 M_1 和 M'_1 利用一个平移或者一个中心对称可以由一个变到另一个;对于 M_2 和 M'_2 同样可以做到,对于 M_3 和 M'_3 同样可以做到,依此类推.

我们转到关于两个大小相等的多角形永远是 S 型组成相等的定理的证明.此定理的证明完全类似于博利亚－盖尔文定理的证明,只需要用一些类似的引理.

---

① 在 §5 里,将更深刻地阐述此术语的意义.

引理 1a 如果 A 和 C 是两个多角形,它们每一个都和多角形 B 是 S 型组成相等的,那么 A 和 C 也是 S 型组成相等的.

事实上,在图形 B 上画一些直线,把它剖分成这样几个多角形,由这些多角形可以(利用平移和中心对称)构成图形 A;此外,我们又在图形 B 上另外画一些直线,把它剖分成几个多角形,由这些多角形可以(利用平移和中心对称)构成图形 C(图46).所画的一切直线共同把图形 B 剖分成一些更小的部分,并且显然,由这些更小的部分可以(利用平移和中心对称)构成图形 A,也可以构成图形 C.由此可见,图形 A 和 C 都是用某种方法剖分成若干个部分.我们用 M'_1,M'_2,$M'_3,\cdots$ 标记构成图形 B 的若干个部分;用 M_1,M_2,$M_3,\cdots$ 标记构成图形 A 的对应部分,而用 M''_1,M''_2,$M''_3,\cdots$ 标记构成图形 C 的对应部分.多角形 M_1 和 M''_1 中的每一个都是由 M'_1 利用一个平移或者一个中心对称而得到.由此推出(引理8),M'_1 是由 M_1 利用一个平移或者一个中心对称而得到,(引理 11)从而多角形 M''_1 也是由 M_1 利用一个平移或者一个中心对称而得到.同样,多角形 M''_2 由 M_2 利用一个平移或者一个

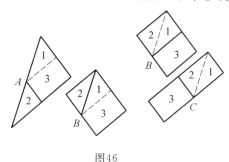

图46

38

中心对称而得到;对于 M_3 和 M''_3 同样可以得到,依此类推.所以,图形 A 和图形 C 是 S 型组成相等的.

我们看到,这里只利用到在前面研究过的平移和中心对称的性质(引理 8 和引理 11).

引理 2a　任何三角形与一个矩形 S 型组成相等.

参看 §2 节引理 4 的证明(第 22 页).图 28 里标记数码 1 的两个三角形中的一个三角形利用关于中心 O 的中心对称变到另一个,而标记数码 2 的两个三角形中的一个三角形利用关于中心 O' 的中心对称变到另一个.最后,图 28 里的斜纹梯形留在原处不动,就是斜纹梯形实行了一个平移距离为零的平移.所以,图 28 所表示的两个图形 ABC 和 $ABFE$ 是 S 型组成相等的.

引理 3a　大小相等的两个平行四边形,它们的底边相等并且平行,那么它们是 S 型组成相等的.

事实上,利用一个平移可以使这两个平行四边形的相等的底边重合,在这以后我们再重复一次 §2 里引理 5 的证明(第 23 页):图 30 里标记同样数码的部分可以利用平移,由这一部分变成另一部分.

引理 4a　面积相等的两个矩形是 S 型组成相等的.

§2 里引理 6 的证明在此处不适用,因为那里应用了旋转(参看第 24 页).因此我们给出一个新的证明.

假设 $ABCD$ 和 $A'B'C'D'$ 是大小相等的两个矩形.首先,我们作一个与这两个矩形大小相等的平行四边形 AB_1C_1D,它和矩形 $ABCD$ 有一条公共边 AD,它的一条边 AB_1 与矩形 $A'B'C'D'$ 的一条边平行(图 47(a)).于是平行四边形 $ABCD$ 和 AB_1C_1D 是 S 型组成相等(引理 3a).其次,我们作一个与最初的两个矩形大小相等的矩形 $AB_1C_2D_1$,它和平行四边形

AB_1C_1D 有一条公共边 AB_1. 于是图形 AB_1C_1D 和 $AB_1C_2D_1$ 是 S 型组成相等（图 47(b)). 同时矩形 $AB_1C_2D_1$ 和 $A'B'C'D'$ 的各边对应平行. 最后, 利用一个平移把矩形 $AB_1C_2D_1$ 叠加在矩形 $A'B'C'D'$ 之上, 使得点 A 和点 A' 重合, AD_1 沿着 $A'D'$ 落下. 我们得到一个与矩形 $A'B'C'D'$ 有一个公共角（$\angle A'$）的矩形 $A'B''C''D''$（图 47(c)). 因为这种作法, 我们每次把一个平行四边形变成另一个平行四边形, 并且后者与前者 S 型组成相等, 那么根据引理 1a, 我们得到一个和最初的矩形 $ABCD$ 是 S 型组成相等的矩形 $A'B''C''D''$. 剩下要证明的是, 得到的矩形 $A'B''C''D''$ 和矩形 $A'B'C'D'$ 是 S 型组成相等的. 在此为了确定起见, 我们认为 $A'B'' > A'B'$（从而 $A'D'' < A'D'$）. 我们作出三条线段 $B''D'$, $B'D''$, $C'C''$, 证明它们相互平行（图 48）. 事实上, 由于面积的相等, 得到等式

$$A'B' \cdot A'D' = A'B'' \cdot A'D'' \tag{1}$$

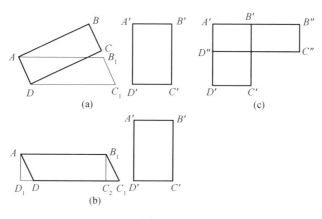

图47

40

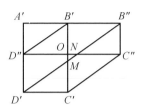

图48

由此,从等式(1)的两边减去乘积 $A'D'' \cdot A'B'$,得到

$$A'B' \cdot D'D'' = A'D'' \cdot B'B''$$

或者

$$A'B' \cdot OC' = A'D'' \cdot OC'' \qquad (2)$$

把等式(1)和(2)写成比例式,得到

$$A'B' : A'D'' = A'B'' : A'D' = OC'' : OC'$$

这样一来,得到三个相似三角形 $\triangle A'B'D''$, $\triangle A'B''D'$ 和 $\triangle OC''C'$. 由此推出,$\angle A'D''B' = \angle A'D'B'' = \angle B'C'C''$,因而三条线段 $B''D'$,$B'D'$, $C'C''$ 相互平行.

我们用 M 和 N 分别表示线段 $B''D'$ 与线段 $B'C'$ 和 $C''D''$ 的交点.于是 $\triangle B''C''N \cong \triangle MC'D'$($B''C'' = MC'$,$C''N = C'D'$),首先,因为 $B'C''C'M$ 和 $NC''C'D'$ 都是平行四边形. 其次,平行四边形 $B'B''ND''$ 和 $B'MD'D''$ 大小相等,并且共有一条底边 $B'D''$,因此,根据引理 3a,它们是 S 型组成相等的.最后,$\triangle A'B'D''$ 属于这两个矩形 $A'B'C'D'$ 和 $A'B''C''D''$.所以,从这两个矩形 $A'B'C'D'$ 和 $A'B''C''D''$ 中的每一个分成三部分所得到的剖分出发(图49),我们肯定它们 S 型组成相等(标记数码 1 和 3 的各部分对应相等,这些部分利用一个平移由这一部分变到另一部分,所以标记数码 2

41

的两个平行四边形 S 型组成相等).

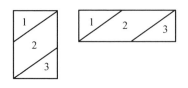

图49

引理 5a 任意一个多角形与一个矩形为 S 型组成相等.

哈德维格尔－格留尔定理 面积相等的两个多角形为 S 型组成相等.

引理 5a 和哈德维格尔－格留尔定理的证明可以逐字逐句地重复引理 7 和博利亚－盖尔文定理的证明而得到,只有一个差别,就是用"S 型组成相等"代替"组成相等",用引理 1a,2a,… 的引证代替引理 3,4,… 的引证.

从证明了的哈德维格尔－格留尔定理出发直接得出,两个大小相等的多角形可以剖分成一些具有对应平行边的部分(参看本节的开端).其实,如果 A 和 B 是大小相等的两个多角形,那么其中的一个多角形可以剖分成这样一些部分,由这些部分只利用平移和中心对称可以构成另一个多角形.剩下要说明的是,如果两个多角形利用一个平移(第 33 页书下注图)或者一个中心对称(图 42),可以由这一个变到另一个,那么它们的边就会对应平行.

§4　组成相等和加性不变量的概念

在哈德维格尔－格留尔定理已经证明之后,自然会产生一个问题:把任意两个大小相等的多角形剖分成若干个相同部分,这些部分利用平移是否可以由一部分变到另一部分呢? 换句话说,前面应用的中心对称是否多余呢? 本节就要阐述和研究这个问题.我们将看到,不是任意两个面积相等的多角形都可以剖分成若干个相同部分,并且这些部分只利用平移由一部分得到另一部分;例如,一个三角形和一个与它等积的平行四边形就不可能有这样剖分而成的若干个相同部分.

为了证实这些事实,将采用被定义在下面的加性不变量的概念.在下节将看到这个概念的应用.

1.加性不变量 $J_l(M)$　　假设 M 是一个任意多角形.首先,在多角形 M 的每一条边上用箭头标记此边的方向,沿着这条边顺着它的方向走动,我们看到这条边的左邻近的点属于多角形 M,而这条边的右邻近的点不属于多角形 M[①](图50).其次,我们选定某条有向直线 l,就是用箭头标记方向的一条直线. 我们以 $J_l(M)$ 表示多角形 M 上平行于直线 l 的一切边之长的代数和,其中和直线 l 的方向相同的那些边(图51上的 AB,DE,FG)取(＋)号,而与直线 l 的方向相反的

---

①　如果我们顺着箭头指示的方向逐一地走过多角形的各条边,那么我们走遍了多角形的周界而回到出发点.在这种情形下,我们说,我们在逆时针方向下绕多角形的周界走了一周.

那些边(图 51 上的 KL)取(一)号.如果多角形 M 没有与直线 l 平行的边,那么数 $J_l(M)$ 认为等于零.数 $J_l(M)$ 叫作加性不变量(这个名称的来由阐明于后).

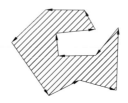

图50

关于多角形组成相等的问题,不变量 $J_l(M)$ 的重要性在定理中更显得突出,我们现在转到定理的叙述.

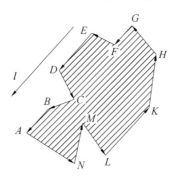

图51

2. T 型组成相等　两个多角形叫作 T 型组成相等,如果可以只利用平移决定它们组成相等(参考第 38 页).

定理 2　假设 A 和 A' 是两个多角形,l 是一条有向直线.如果 $J_l(A) \neq J_l(A')$,那么多角形 A 和 A' 就不是 T 型组成相等.

44

　　我们在后面考虑此定理的证明,而现在提出本定理的一个简单的推论.假设 $\triangle$ 是一个三角形,P 是一个与它大小相等的平行四边形(平行四边形 P 的底边与三角形 $\triangle$ 的底边平行,见图 52).我们选定与三角形 $\triangle$ 和平行四边形 P 的底边平行的一条直线 l,根据上述规则来确定三角形 $\triangle$ 的边以及平行四边形的边的符号(图 52).于是我们发现 $J_l(P) = 0$,$J_l(\triangle) \neq 0$,从而 $J_l(P) \neq J_l(\triangle)$,因此图形 $\triangle$ 和图形 P 不是 T 型组成相等的.图 53 所示的两个相等的三角形也不是 T 型组成相等的.

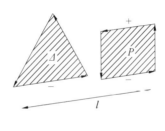

图52

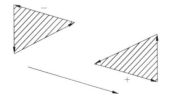

图53

　　现在我们转到叙述定理 2 的证明.

3.不变量 $J_l(M)$ 的性质

引理 12　假设 l 是一条有向直线,M 和 M' 是两

45

个多角形.如果只利用一个平移就可以把它们由一个变到另一个,那么 $J_l(M) = J_l(M')$ 这个等式就成立.

换句话说,数 J_l 在平移下不改变;可见不变量的名称是不变的意思.

这个引理的断言是显然的(多角形在平移下,它的边的长以及边的方向都不改变).

引理 13 假设 l 是一条有向直线,A 是一个多角形,它已经被剖分成有限个多角形 $M_1, M_2, \cdots, M_k$.于是下一等式成立

$$J_l(A) = J_l(M_1) + J_l(M_2) + \cdots + J_l(M_k) \quad (3)$$

换句话说,如果多角形 A 是由若干个较小的多角形构成,那么它的不变量等于这些组成多角形的不变量之和,因此叫作加性不变量(词 addition(加性) 就是 сложение).

证明 我们考虑一切线段,这一切线段是多角形 $A, M_1, M_2, \cdots, M_k$ 的边.我们在这一切的线段上标出多角形 $A, M_1, M_2, \cdots, M_k$ 的一切顶点.于是我们得到有限条更小的线段,把这些更小的线段叫作节.$A, M_1, M_2, \cdots, M_k$ 中的每一个多角形的每一条边是由一个或几个节构成.图 54 表示一个多角形剖分成一些更小的部分.AB 是由三个节 AM, MN, NB 构成;斜纹多角形的边 NP 也是由三个节构成.

我们指出,在计算多角形 A 的不变量 $J_l(A)$(或者这些多角形 $M_1, M_2, \cdots, M_k$ 中的任意一个)时,可以不取与直线 l 平行的边之长的代数和,而取与直线 l 平行的节之长的代数和,因为每一条边的长等于构成它的节之长的和.从而计算关系式(3)的右边诸项之和,需要算出与直线 l 平行的一切节之长的代数和,并且

这些节应该就是所有的多角形 $M_1, M_2, \cdots, M_k$.

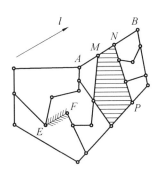

图54

我们考虑一条全部的(或许它的两个端点例外)位于多角形 A 的内部的节(图 54 的 EF).于是这些多角形 $M_1, M_2, \cdots, M_k$ 中有两个多角形和这个节毗连,并且它们在这个节的两侧(一个在右侧,另一个在左侧).因而在计算其中一个多角形的不变量时,这个节取一种符号,而在计算另一个多角形的不变量时,取相反的符号,故在这些节的总代数和中此两项相互抵消.我们看出,在计算关系式(3)的右边各项时,可以完全不考虑位于多角形 A 的内部的那些节.

我们考虑一个位于多角形 A 的周界上并且与直线 l 平行的节(图 54 的 AM).在 $M_1, M_2, \cdots, M_k$ 之中只有一个多角形与这个节毗连,并且它和多角形 A 位于这个节的同侧. 所以, 这个节在 $J_l(M_1) + J_l(M_2) + \cdots + J_l(M_k)$ 之和中所取的符号,与它在不变量 $J_l(A)$ 中所取的符号相同.

因此,关系式(3)的右边诸项之和等于 $J_l(A)$,即等式(3)正确.

现在已经不难证明叙述在第 44 页的定理.事实

47

上,假设 $J_l(A) \neq J_l(A')$,同时(与定理的结论相反)多角形 A 和多角形 A' 是 T 型组成相等的.这个假设说明,多角形 A 由这样一些多角形 $M_1, M_2, \cdots, M_k$ 构成,多角形 A' 也由一些多角形 $M'_1, M'_2, \cdots, M'_k$ 构成,M_1 和 M'_1 利用一个平移可以由一个变到另一个;对于 M_2 和 M'_2 同样可以这样做,如此类推.那么我们根据引理 12,得到

$$J_l(M_1) = J_l(M'_1)$$
$$J_l(M_2) = J_l(M'_2)$$
$$\vdots$$
$$J_l(M_k) = J_l(M'_k) \qquad (4)$$

又根据引理 13

$$\begin{cases} J_l(A) = J_l(M_1) + J_l(M_2) + \cdots + J_l(M_k) \\ J_l(A') = J_l(M'_1) + J_l(M'_2) + \cdots + J_l(M'_k) \end{cases}$$

$$(5)$$

由(4)和(5)推出 $J_l(A) = J_l(A')$,此与初设条件矛盾.所以,在满足不等式 $J_l(A) \neq J_l(A')$ 的条件下多角形 A 和 A' 不可能是 T 型组成相等的.

4.中心对称多角形 上面已经证明的定理 1 还可以叙述成如下的形式:两个多角形 A 和 A' 仅当在以下条件成立时可以 T 型组成相等,如果对于任意一条直线 l,等式 $J_l(A) = J_l(A')$ 成立.换句话说,对于两个多角形 A 和 A' 是 T 型组成相等的,必须满足等式 $J_l(A) = J_l(A')$.可以证明,这个条件也是充分的,即下面的命题成立.

定理 3 如果两个大小相等的多角形 A 和 A' 是这样的,对于任意一条有向直线 l,等式 $J_l(A) = J_l(A')$ 总会成立,那么多角形 A 和多角形 A' 是 T 型组成相等的.

现在提出一个问题如下:试求与正方形 T 型组成相等的一切凸多角形.容易看出,不管直线 l 的位置怎样,正方形 Q 的不变量 $J_l(Q)$ 等于零(直线 l 与正方形的一条边平行,如图 55 所示;如果直线 l 不平行于正方形的任何边,根据数 $J_l(Q)$ 的定义,那么 $J_l(Q)=0$).因此我们的问题可以叙述成如下的形式:求一切这样的凸多角形,它们每个的不变量 J_l 对于任意一条直线 l 都等于零.假设 M 是一个具有这种性质的多角形,AB 是它的一条边,l 是与 AB 平行的一条直线,那么多角形 M 必定还有一条与 AB 平行的边(反之,则存在 $J_l(M)=AB>0$,参看图 56).如果与边 AB 平行的这条边用 PQ 表示[①],那么得到(图 57)$J_l(M)=AB-PQ$,因为数 $J_l(M)$ 一定等于零,所以 $AB=PQ$.因此,多角形 M 的每一条边都有一条和它相等而且平行的边("对边"),由此不难推出,多角形 M 是中心对称.逆命题也是显然的:如果多角形 M 是中心对称,那么对于任意一条直线 l,不变量 $J_l(M)$ 等于零.所以,一个凸多角形和一个正方形是 T 型组成相等的必要且充分的条件,是这个多角形为中心对称的多角形.

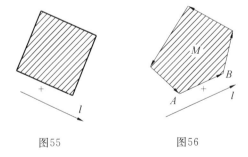

图55　　　　　　　　图56

---

① 因为多角形 M 是凸的,所以它不能有多于两条与直线 l 平行的边.

49

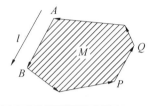

图57

根据上述的定理3(没有证明),我们得到这个结果.但是,遵循图58,读者容易证明(不利用此定理3),一个中心对称的多角形可以(剖分成几个部分,利用平移)变成若干个平行四边形,然后(参看引理5的证明)把这些平行四边形变成正方形.

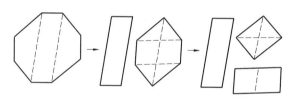

图58

§5　组成相等和群的概念

我们在§3节曾经讲过平面运动.我们用 D 表示一切运动的集合;每个单独的运动叫作这个集合 D 中的一个元素.例如,每个平移(或者每个中心对称)是集合 D 的一个元素.对于每两个运动规定它们的乘积,就是集合 D 具有下述性质:

性质 1　对于集合 D 的每两个元素 d_1 和 d_2,规定它们的积 $d_1 \cdot d_2$,积 $d_1 \cdot d_2$ 也是同一个集合 D 中的一个元素.

在所有运动中有一个运动起着特殊的作用.这个运动能使一切的图形不动,如果可以这样说的话,这个运动是"没有任何运动"的运动.我们用字母 e 表示这个运动,把它叫作恒等运动.它具有这样的性质,对于任意一个运动 d,积 $d \cdot e$ 和 $e \cdot d$ 都和 d 重合,即

$$d \cdot e = e \cdot d = d$$

其实,如果首先实行运动 e(一切的图形不动),然后实行运动 d,那么恰巧说明,我们实行了一个运动 d,即 $e \cdot d = d$,$d \cdot e = d$ 完全相同.这使我们想起数 1 在乘法中的性质(对于任意一个数 a,$a \cdot 1 = 1 \cdot a = a$).因此,运动 e 也叫作单位.故得到:

性质 2　集合 D 中有这样一个元素 e,它被叫作单位,对于 D 的任意一个元素 d,满足关系

$$d \cdot e = e \cdot d = d \tag{6}$$

对于每个运动 d,存在一个逆运动,以 d^{-1} 表示这个逆运动.运动 d 和它的逆运动 d^{-1} 的积(运动 d^{-1} 和运动 d 的积也是一样)是一个使一切图形不动的运动,就是

$$d \cdot d^{-1} = d^{-1} \cdot d = e$$

所以得到:

性质 3　对于集合 D 的每个元素 d 有一个属于同一个集合的元素 d^{-1},它叫作元素 d 的逆元素,对于 d^{-1} 满足关系

$$d \cdot d^{-1} = d^{-1} \cdot d = e \tag{7}$$

现在假设 d_1, d_2, d_3 是三个运动.我们假定,运动

d_1 把某个图形 A 变成图形 B,运动 d_2 把图形 B 变成图形 C,运动 d_3 把图形 C 变成图形 D.我们考虑积 $(d_1 \cdot d_2) \cdot d_3$,它是先由运动 d_1 和 d_2 相乘,得到的积 $d_1 \cdot d_2$,再和 d_3 相乘.不难看出,$d_1 \cdot d_2$ 把图形 A 变成图形 C,而运动 d_3 把图形 C 变成图形 D.从而运动 $(d_1 \cdot d_2) \cdot d_3$ 直接把图形 A 变成图形 D.如果我们实行另一种顺序的乘法:$d_1 \cdot (d_2 \cdot d_3)$,于是得到,运动 d_1 把图形 A 变成图形 B,运动 $d_2 \cdot d_3$ 把图形 B 也变成图形 D.因此,两个运动 $(d_1 \cdot d_2) \cdot d_3$ 和 $d_1 \cdot (d_2 \cdot d_3)$ 把每个图形 A 变成同一个图形 D,就说这两个运动重合.

所以,下面的性质成立:

性质 4 对于集合 D 中的任意三个元素 d_1, d_2, d_3 满足关系

$$(d_1 \cdot d_2) \cdot d_3 = d_1 \cdot (d_2 \cdot d_3) \tag{8}$$

这个关系叫作结合律.

因此,一切运动的集合 D 具有列举的四个性质 $1 \sim 4$.

由任意元素组成而且具有性质 $1 \sim 4$ 的每一个集合,叫作群.[①]

---

① 我们在这里只考虑运动群(参看下面).元素不是运动的群的例子,可以举出一切正数的集合 G(数 1 是单位;乘法是平常的乘法;数 $\frac{1}{a} = a^{-1}$ 是数 a 的逆元).还可以举出一系列的群的例子.

群的概念在近代数学中起着巨大的作用.对此介绍 П.С.亚力山大罗夫著的《群论引论》(1953 年,莫斯科,Учпедгиз)一书,给对此感兴趣的读者可参考阅读,这本书的内容完全属于初等数学的范围,并且包含大量的非常有趣的例子.群的概念在几何中的应用,参考 И.М.雅格洛姆著的《几何变换》(1956 年,Гостехиздат)中的第二部分.我们指出,在 П.С.亚力山大罗夫和 И.М.雅格洛姆的书中把群的运算叫作加法,而不叫作乘法.

如同我们已经看到的一样,一切平面运动的集合 D 是一个群.现在考虑由一切平移和一切中心对称组成的集合 S,我们证明,集合 S 也是一个群.事实上,集合 S 的元素是运动;对于它们中的每两个元素(如同对于任意两个运动一样)规定一个积,根据引理 11 这个积也是集合 S 的一个元素.所以它满足性质 1.显然,它也满足性质 2,因为运动 e 是一个平移(即属于集合 S),而关系(6)对于一切的运动总是成立(特别对于平移和中心对称,即对于集合 S 的元素成立).它也满足性质 3,因为平移和中心对称的逆运动仍然是平移和中心对称(引理 8),对于一切运动都正确的关系(7),特别对于集合 S 的元素成立.最后,对于一切运动都成立结合律(8),关于平移和中心对称也正确.所以,集合 S 是一个群.

可以完全同样地证明,一切平移组成的集合 T 是一个群.

某个集合 G 叫作一个运动群,如果它的元素是运动(这些元素在怎样的意义下可以相乘,是明显的),并且满足性质 1～4(即 G 是一个群).前面谈到的三个群 D,S,T 是作为运动群的例子.作为运动群的一个新例子,可以举出绕着同一个点的所有旋转的集合 O_n,其旋转角等于 $0,\dfrac{2\pi}{n},\dfrac{4\pi}{n},\dfrac{6\pi}{n},\cdots,\dfrac{(2n-2)\pi}{n}$ 中之一(旋转角为 0 的旋转是恒等运动 e).建议读者自己去证明 O_n 是一个群.我们仅指出一点,群 O_n 是由有限个元素(群 O_n 有 n 个元素)组成的.

假设 G 是某个运动群,A 和 A' 是两个多角形.我们假定,多角形 A 已经被剖分成这样几部分 M_1,

$M_2, \cdots, M_k$, 多角形 A' 也被剖分成这样几部分 M'_1, $M'_2, \cdots, M'_k$, 这些部分利用属于群 G 的运动由一部分得到另一部分(就是群 G 中存在这样一个运动 g_1, 它把多角形 M_1 变成 M'_1, 存在这样一个运动 g_2, 它把多角形 M_2 变成 M'_2, 如此类推). 在这种情形下, 多角形 A 和 A' 叫作 G 型组成相等. 如果群 G 当作群 S 或者群 T 来考虑, 那么便得到前面讲过的 S 型组成相等或者 T 型组成相等的概念. 面积相等的任意两个多角形是 D 型组成相等的(博利亚 — 盖尔文定理), 也是 S 型组成相等的(哈德维格尔 — 格留尔定理), 但是有面积相等而不是 T 型组成相等的两个多角形的存在(例如, 一个三角形和一个平行四边形).

最后我们给出下面一个定理, 来回答读者可能产生的问题.

定理 4 群 S 是能够确定任意两个大小相等的多角形组成相等的最小的运动群. 换句话说, 如果 G 是这样一个运动群, 使得任意两个大小相等的多角形为 G 型组成相等, 那么群 G 含有整个群 S(即含有一切平移和一切中心对称).

证明 要利用若干个引理, 在叙述这些引理时, 我们将假定, G 是满足定理的条件的一个群.

引理 14 如果 P 和 Q 是平面内的两个任意的点, 那么群 G 中存在一个把 P 变成 Q 的运动(运动群的这种性质叫作传递性).

我们做相反假定: 存在这样两个点 P 和 Q, 群 G 中没有任何一个运动能把 P 变成 Q. 属于群 G 的运动把点 P 变成的那些点做上标记. 如果 M 是某一个多角形, 我们用 $I_P(M)$ 表示多角形 M 的顶点是标记点的

那些角的和.如果多角形 M 和 M' 利用群 G 中的一个运动由其中一个多角形得到另一个多角形,那么 $I_P(M) = I_P(M')$.如果多角形 A 剖分成若干个更小的多角形 $M_1, M_2, \cdots, M_k$,那么等式

$$I_P(A) = I_P(M_1) + I_P(M_2) + \cdots +$$
$$I_P(M_k) + n\pi$$

成立,其中 n 是某个整数(直接计算角,就证明了此等式).根据数 $I_P(M)$ 的性质容易推出(参考第 48 页的论述),如果 M 和 M' 是 G 型组成相等的两个多角形,那么 $I_P(M) = I_P(M') + n\pi$,其中 n 是某个整数.

现在假设 $\triangle PQR$ 和 $\triangle PQS$ 是两个相等的等腰钝角三角形,底角是 α,其中一个三角形的钝角顶点是 Q(图 59).因为点 P 是标记点,而点 Q 不是,所以数 $I_P(PQR)$ 等于 $\pi - 2\alpha$,或者等于 $\pi - \alpha$(依凭点 R 是否为标记点而定);数 $I_P(PQS)$ 等于 α,或者等于 2α.因此对于任何的整数 n,等式

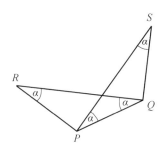

图59

$$I_P(PQR) = I_P(PQS) + n\pi$$

都不能成立(因为 $\alpha < \dfrac{\pi}{4}$),从而 $\triangle PQR$ 和 $\triangle PQS$ 不

为 G 型组成相等.但是这个结果与群 G 的性质(大小相等的两个多角形 G 型组成相等,尤其是相等的两个多角形显然是 G 型组成相等)矛盾.所得矛盾就使这个引理得到证明.

引理 15 群 G 至少含有一个中心对称.

我们首先指出(不证明①)运动的某些性质.每一个平面运动取下面的三种形式之一:或者是平移,或者是旋转,或者是所谓的滑动对称.滑动对称是关于某条直线的并有沿着这条直线的一个平移伴随着对称,这条直线叫作滑动对称轴,轴是唯一确定的(轴不重合的两个滑动对称是两个不同的运动).最后,指出两个滑动对称的积是一个旋转角为 2α 的旋转,此处 α 是它们的轴之间的夹角.

我们转到引理 15 的证明.我们用下述方法选取直线 l:如果群 G 至少含有一个滑动对称,那么取一个滑动对称的轴作为直线 l;否则便任意选取一条直线 l,在直线 l 上任意选定方向.假设 l' 是一条任意的有向直线,α 是 l 与 l' 间的夹角(图 60);把直线 l' 认为是标记的,如果群 G 中有一个旋转角为 α 的旋转,特别是与直线 l 平行的任意一条直线(就是和 l 构成零角的直线)都认为是标记的.

现在假定,群 G 中没有任何一个中心对称(与引理 13 的结论相反).于是对于任意一条标记直线 l',与 l' 平行的但与 l' 的方向相反的直线 l'' 不是标记的(否则,群 G 含有两个旋转,它们的旋转角相差一个 π,因

---

① 运动的一些性质的证明可以找到,例如,И.М.雅格洛姆著的《几何变换》(1955 年,Гостехиздат)的第一篇中就有.

而群 G 含有一个旋转角为 π 的旋转,即群 G 含有一个中心对称,参看图 61).

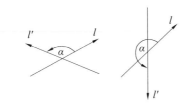

图60

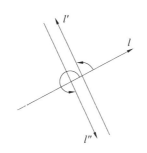

图61

我们考虑一个任意多角形 M,假设 AB 是它的一条边,l' 是一条与 AB 相交并且垂直的直线.在直线 l' 上选取这样的方向,在 l' 上顺着这个方向走动,在它与 AB 相交之处我们从多角形 M 的内部走向外部(图 62).如果这样的有向直线 l' 是标记的,那么 AB 取(+)号;如果与直线 l' 平行而方向相反的直线 l'' 是标记的,那么 AB 取(−)号;最后,如果它们都不是标记的,那么 AB 对应于数零.现在考虑规定的符号,算出多角形 M 的边之长的代数和(如果与 AB 对应的是数零,那么它绝不会算入代数和中).我们用 $J'_l(M)$ 表示求得的代数和.

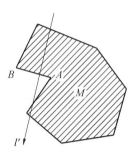

图62

数 $J'_l(M)$ 具有如下的两个性质:(1)它可加(参看公式(3));(2)它不变(如果两个多边形 M_1 和 M_2 利用属于群 G 的某个运动,由一个得到另一个,那么 $J'_l(M_1) = J'_l(M_2)$).可加性的证明,几乎逐字逐句地把引理13的证明重复一遍.

我们现在来证明不变性.首先,假设 g 是属于群 G 的一个运动,它把多边形 M_1 变成多边形 M_2;A_1B_1 是多边形 M_1 的一条边,A_2B_2 是多边形 M_2 的与 A_1B_1 对应的一条边(就是运动 g 把 A_1B_1 变成的这条边).其次,假设 l_1 是垂直于 A_1B_1 的一条直线,l_2 是垂直于 A_2B_2 的一条直线,并且每一条直线的方向是这样的,在与边相交之处,我们是从多边形的内部走向外部(图63).两条直线 l_1 和 l_2 与直线 l 构成的角,分别用 α_1 和 α_2 表示.假定,直线 l_1 是标记的,我们证明,l_2 也是标记的.如果运动 g 是一个平移,那么直线 l_2 与直线 l_1 平行并且与它同方向,因此 l_2 也是标记的.如果 g 是一个旋转,那么它的旋转角等于 $\alpha_2 - \alpha_1$,由于 G 中有一个旋转角为 α_1 的旋转(因为直线 l_1 是标记的),那么 G 中

58

也有一个旋转角为$(\alpha_2-\alpha_1)+\alpha_1=\alpha_2$的旋转. 这个结果说明, 直线$l_2$也是标记的. 最后, 如果$g$是滑动对称, 那么它的轴和直线$l$构成的角是$\dfrac{\alpha_1+\alpha_2}{2}$(在这种情形下, 直线$l$也是滑动对称的轴)(图64), 因而群$G$中有一个旋转角为$\alpha_1+\alpha_2$的旋转. 此外, G中有一个旋转角为α_1的旋转(因为直线l_1是标记的), 因而G中有一个旋转角为$(\alpha_1+\alpha_2)-\alpha_1=\alpha_2$的旋转. 所以, 在这种情形下直线$l_2$是标记的. 因此, 如果多角形$M_1$的边$A_1B_1$对应于符号$(+)$(就是直线$l_1$是标记的), 那么多角形$M_2$的边$A_2B_2$也对应于符号$(+)$(就是直线$l_2$也是标记的). 同样证明, 如果$A_1B_1$对应于符号$(-)$, 那么$A_2B_2$对应于符号$(-)$. 最后, 如果$A_1B_1$对应于数零, 那么$A_2B_2$也对应于数零(多角形$M_1$由多角形$M_2$利用运动$g^{-1}$得到, 如果$A_2B_2$对应于符号$(+)$或符号$(-)$, 那么与$A_1B_1$对应的是同样一个符号). 因此, 多角形$M_1$和$M_2$的对应边所取的代数和$J'_l(M_1)$与$J'_l(M_2)$具有相同的系数, 从而$J'_l(M_1)=J'_l(M_2)$.

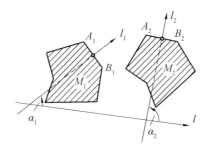

图63

59

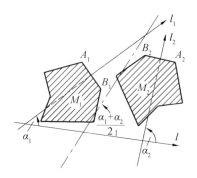

图64

由数 $J'_l(M)$ 的可加性和不变性出发推出(参考第48页的论述),如果两个多角形 M_1 和 M_2 是 G 型组成相等的,那么 $J'_l(M_1) = J'_l(M_2)$.

现在考虑两个相等的等腰直角 $\triangle A_1B_1C_1$ 和 $\triangle A_2B_2C_2$,它们的位置如图 65 所示.$\triangle A_2B_2C_2$ 的边 B_2C_2 对应于数零;事实上,与 B_2C_2 垂直的直线 l' 和直线 l 构成的角是 $\frac{3}{4}\pi$,而群 G 不含有旋转角为 $\frac{3}{4}\pi$ 的旋转(因为应用这个旋转四次便得到一个旋转角为 3π 的旋转,即中心对称).同样 A_1C_1,B_1C_1,A_2C_2 中的每一个都对应于数零. 最后,A_2B_2 对应于符号(+),A_1B_1 对应于符号(−). 我们看到,$J'_l(A_1B_1C_1) \neq J'_l(A_2B_2C_2)$(因为两个数中的一个是正的,而另一个是负的),因此,$\triangle A_1B_1C_1$ 和 $\triangle A_2B_2C_2$ 不为 G 型组成相等.但是,这与群 G 的性质矛盾.

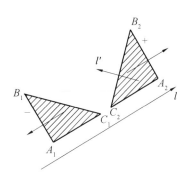

图 65

引理 16　群 G 含有一切中心对称.

首先, 假设 s 是属于 G 的一个中心对称(引理 15), O_1 是这个对称的中心, O 是平面上的任意一个点. 其次, 假设 g 是属于群 G 的一个运动, 它把点 O 变成点 O_1(引理 14). 不难看出, 属于群 G 的运动 gsg^{-1} 使点 O 不动, 因而 gsg^{-1} 是关于点 O 的中心对称, 所以, 关于任意一个点 O 的中心对称都属于 G.

现在对于定理 4 的证明还要指出的是, 根据引理 9, 群 G 也含有一切的平移.

多面体的组成相等

第 2 章

§1　登定理和哈德维格尔定理

1.组成相等的多面体　我们在本章研究空间图形（多面体）的组成相等和拼补相等.两个多面体叫作组成相等,如果用一个确定的方法把它们中的一个多面体剖分成有限个部分以后,由这些部分又可以构成另一个多面体.

显然,组成相等的两个多面体大小相等,就是具有相等的体积,自然会产生一个相反的问题:两个体积相等的任意多面体是否组成相等呢? 换句话说,类似于博利亚－盖尔文定理的定理在空间里是否正确呢? 我们以后会看到,在这个问题上将会得到否定的答案.

　　我们首先设法理解,关于提出的问题的否定的答案是什么意思.这个意思是否是,体积相等的任何两个多面体不组成相等呢？当然不是如此,显然,组成相等的多面体存在.例如,底面面积相等和高相等的两个直棱柱组成相等(图 1).用博利亚—盖尔文定理容易证明此事实.(在后面第 86 页,证明了一个命题:任意两个大小相等的棱柱,无论是直的或者是斜的,总是组成相等.)在这种情形下,对于所提问题的否定的答案是什么意思呢？其意思是任意两个体积相等的多面体未必组成相等.换句话说,某些体积相等的多面体组成相等(例如棱柱),也可以找到这样一些多面体,它们的体积虽然相等,但是不组成相等.第一个证明这个事实的人是德国数学家登(1901 年).他曾经证明,一个立方体和一个与它的体积相等的正三棱锥(正四面体),不组成相等.当然,还可以找到另外一些多面体,它们体积虽然相等,但是不组成相等.

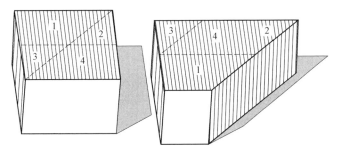

图1

　　本节将叙述关于立方体和正四面体不组成相等的登定理的证明.在证明中利用了瑞士几何学家哈德维格尔的聪明的思想.

63

2.哈德维格尔定理　假设 $\alpha_1,\alpha_2,\cdots,\alpha_k$ 是一组任意的实数.我们说,这组实数相关,如果可以找到一组不全为零的整数 $n_1,n_2,\cdots,n_k$,使得关系式

$$n_1\alpha_1+n_2\alpha_2+\cdots+n_k\alpha_k=0 \tag{1}$$

成立.关系式(1)叫作相关式.还要着重指出,一切的数 $n_1,n_2,\cdots,n_k$ 假定是整数(正整数、负整数或者是零),并且它们之中一定有不为零的数.

几个同样的数之间可以有若干个不同的相关式.例如,我们取数

$$1,\sqrt{2}-1,3\sqrt{2}+1,2\sqrt{2}$$

容易验证,这些数之间有下面几个相关式

$2\cdot1+1\cdot(\sqrt{2}-1)+(-1)\cdot(3\sqrt{2}+1)+1\cdot2\sqrt{2}=0$

$4\cdot1+3\cdot(\sqrt{2}-1)+(-1)\cdot(3\sqrt{2}+1)+0\cdot2\sqrt{2}=0$

$0\cdot1+(-1)\cdot(\sqrt{2}-1)+(-1)\cdot(3\sqrt{2}+1)+2\cdot2\sqrt{2}=0$

我们证明,两个不可通约的数 α_1 和 α_2(就是两个不为零的数,它们的比是一个无理数)不可能相关.事实上,若有相关式

$$n_1\alpha_1+n_2\alpha_2=0$$

存在,便推出商 $\dfrac{\alpha_1}{\alpha_2}$ 等于两个整数的比 $-\dfrac{n_2}{n_1}$,即商 $\dfrac{\alpha_1}{\alpha_2}$ 是有理数.

我们现在假定,与这组数 $\alpha_1,\alpha_2,\cdots,\alpha_k$ 中的每一个对应的,还是一个数,即:

与数 α_1 对应的是数 $f(\alpha_1)$;

与数 α_2 对应的是数 $f(\alpha_2)$;

$\vdots$

与数 α_k 对应的是数 $f(\alpha_k)$.

　　如果存在这样的性质：对于 $\alpha_1,\alpha_2,\cdots,\alpha_k$ 之间的每一个相关式

$$n_1\alpha_1 + n_2\alpha_2 + \cdots + n_k\alpha_k = 0$$

这组数 $f(\alpha_1),f(\alpha_2),\cdots,f(\alpha_k)$ 之间恰好也有同样一个相关式，即

$$n_1 f(\alpha_1) + n_2 f(\alpha_2) + \cdots + n_k f(\alpha_k) = 0$$

我们就说，这组数 $f(\alpha_1),f(\alpha_2),\cdots,f(\alpha_k)$ 形成了对应于 $\alpha_1,\alpha_2,\cdots,\alpha_k$ 的加性函数[①].

　　此外，这组数 $f(\alpha_1),f(\alpha_2),\cdots,f(\alpha_k)$ 可以是任意的.

　　我们取数 $\alpha_1 = 1, \alpha_2 = \sqrt{5}$ 作为一个例子.因为这两个数不可通约，所以它们中间不存在任何的相关式.因而数 $f(\alpha_1)$ 和 $f(\alpha_2)$ 之间不要求任何的相关式，即为了得到加性函数，可以完全任意地选取数 $f(1)$ 和 $f(\sqrt{5})$.如果选取的一些数是相关的，那么加性函数的值与相关式也有联系.

　　最后，假设

$$\alpha_1,\alpha_2,\cdots,\alpha_k \tag{2}$$

是某个多面体 A 的用弧度表示的一切内部二面角，$l_1, l_2,\cdots,l_k$ 是对应于这些二面角的棱的长（图 2）.如果对于（2）的数选取某个加性函数

$$f(\alpha_1),f(\alpha_2),\cdots,f(\alpha_k) \tag{3}$$

那么我们用 $f(A)$ 表示

　　① 用近代的观点解释函数，如果与某个集合的每个元素对应的是（按照一定法则）另一个集合的一个确定的元素.例如，与每个实数 x 对应的是数 $\sin x$，我们便得到一个正弦函数，与每个正整数对应的是它的最大的质因数，便得到一个函数；与这组数 $\alpha_1,\alpha_2,\cdots,\alpha_k$ 对应的另外一组数 $f(\alpha_1),\cdots,f(\alpha_k)$，我们也得到一个函数.

$$l_1 f(\alpha_1) + l_2 f(\alpha_2) + \cdots + l_k f(\alpha_k) \quad (4)$$

之和,$f(A)$ 就叫作多面体 A 的不变量.不变量 $f(A)$ 不仅依赖于选取的多面体 A,而且也依赖于加性函数 (3).

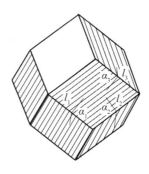

图2

哈德维格尔定理 已知两个体积相等的多面体 A 和 B.用 $\alpha_1, \alpha_2, \cdots, \alpha_p$ 表示多面体 A 的用弧度表示的一切内部二面角,而用 $\beta_1, \beta_2, \cdots, \beta_q$ 表示多面体 B 的一切内部二面角.把数 π 加入这组数 $\alpha_1, \alpha_2, \cdots, \alpha_p, \beta_1, \beta_2, \cdots, \beta_q$ 之中.如果对于得到的这组数

$$\pi, \alpha_1, \alpha_2, \cdots, \alpha_p, \beta_1, \beta_2, \cdots, \beta_q \quad (5)$$

可以选出这样一个加性函数

$$f(\pi), f(\alpha_1), f(\alpha_2), \cdots, f(\alpha_p), f(\beta_1), f(\beta_2), \cdots, f(\beta_q)$$

$$(6)$$

满足关系式

$$f(\pi) = 0 \quad (7)$$

而多面体 A 和多面体 B 的对应的不变量不相等

$$f(A) \neq f(B) \quad (8)$$

那么多面体 A 和多面体 B 不组成相等.

哈德维格尔定理的证明将在后面叙述(第 71 页),

66

现在先证明一个用哈德维格尔定理推出的关于立方体和正棱锥不组成相等的登定理.

3.登定理　我们首先证明下面一个引理,利用它容易证明(在哈德维格尔定理的基础上)登定理的正确性.

引理 1　假设 n 是一个大于 2 的整数,而 φ 是用弧度表示的一个角,它的余弦等于 $\frac{1}{n}$(即 $\varphi = \arccos \frac{1}{n}$). 那么 φ 和 π 不可通约,即不存在具有不为零的整数系数 n_1 和 n_2 的任何相关式

$$n_1 \varphi + n_2 \pi = 0 \qquad\qquad (9)$$

我们用反证法来证明.假定关系式(9)成立,在(9)中 $n_1 \neq 0$.我们可以认为 $n_1 > 0$(否则可以使关系式(9)改变为相反的符号).因为 $n_1 \varphi = -n_2 \pi$ 是为 π 的整数倍的角,所以 $\cos n_1 \varphi$ 或者等于 $+1$,或者等于 -1,即 $\cos n_1 \varphi$ 是一个整数.这个使我们推出矛盾.就是,我们已经表明,无论怎样的整数 $k > 0$,$\cos k\varphi$ 不是整数.

根据三角教程中熟知的加法定理,我们得到

$$\cos (k+1)\varphi = \cos (k\varphi + \varphi) =$$
$$\cos k\varphi \cos \varphi - \sin k\varphi \sin \varphi$$
$$\cos (k-1)\varphi = \cos (k\varphi - \varphi) =$$
$$\cos k\varphi \cos \varphi + \sin k\varphi \sin \varphi$$

这两个等式相加,得到

$$\cos (k+1)\varphi + \cos (k-1)\varphi = 2\cos k\varphi \cos \varphi$$

或者

$$\cos (k+1)\varphi = \frac{2}{n}\cos k\varphi - \cos (k-1)\varphi \qquad (10)$$

(因为 $\cos \varphi = \frac{1}{n}$).对于 n 为偶数或为奇数的不同情形,

分别证明于下：

情形 1 n 是奇数[①].我们证明(利用完全数学归纳法),$\cos k\varphi$ 在这种情形表示成分数,这个分数的分母是 n^k,分子和 n 互质;由此推出,当 $k>0$ 时,数 $\cos k\varphi$ 不是整数.这个结论在 $k=1$ 和 $k=2$ 时可以直接验证

$$\cos \varphi = \frac{1}{n}$$

$$\cos 2\varphi = 2\cos^2 \varphi - 1 = \frac{2}{n^2} - 1 = \frac{2-n^2}{n^2}$$

(2 和 n 互质,因为 n 是奇数).假定,我们的结论在指数 k 等于 $1,2,\cdots,k$ 时都已证明,我们将证明它对于 $k+1$ 也正确.根据归纳的假定,有

$$\cos k\varphi = \frac{a}{n^k}$$

$$\cos (k-1)\varphi = \frac{b}{n^{k-1}}$$

其中 a 和 b 是与 n 互质的两个数.根据等式(10),得到

$$\cos (k+1)\varphi = \frac{2}{n} \cdot \frac{a}{n^k} - \frac{b}{n^{k-1}} =$$

$$\frac{2a - bn^2}{n^{k+1}}$$

因为 a 和 2 与 n 无公因数,所以分子 $2a-bn^2$ 和 n 互质.归纳的证明完毕.

情形 2 n 是偶数,即 $n=2m$.$\cos k\varphi$ 在这种情形表示成分数,此分数的分母是 $2m^k$,分子和 m 互质(如同情形 1 一样,同样可以用归纳法证明).因此当 $k>0$ 时分母除不尽分子.

登定理　一个立方体和一个与它等体积的正四面体不组成相等.

证明　在正三棱锥 $ABCD$ 中,从顶点 D 作一条高 DE(图 3).点 E 是等边三角形 ABC 的中心,从而通过点 E 的线段 AF 是一条中线.因此 F 是棱 BC 的中点,线段 DF 是 $\triangle BCD$ 的一条中线.线段 EF 等于中线 AF 的三分之一,也等于中线 DF 的三分之一,即

$$EF : DF = 1 : 3$$

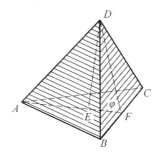

图3

换句话说,以 φ 表示 $\mathrm{Rt}\triangle DEF$ 的 $\angle F$(就是四面体 $ABCD$ 的一个二面角),我们算出

$$\cos \varphi = \frac{1}{3} \tag{11}$$

现在应用哈德维格尔定理.立方体 A 的每个二面角等于 $\dfrac{\pi}{2}$;以 φ 表示正四面体 B 的一个二面角,因此,在哈德维格尔定理中所谈到的数组(5),在这里是如下的三个数

$$\pi, \frac{\pi}{2}, \varphi \tag{12}$$

我们来找,这三个数之间存在怎样的相关式.假设有相

69

关式

$$n_1\pi + n_2\,\frac{\pi}{2} + n_3\varphi = 0 \tag{13}$$

存在,其中 n_1,n_2,n_3 是三个整数.于是

$$(2n_1 + n_2)\pi + 2n_3\varphi = 0$$

就是我们得到的 π 和 φ 之间的一个相关式.但是具有非零系数的这样的相关式是不存在的,因为由引理 1 已知 φ 与 π 不可通约(参看(11)).因此 $2n_1 + n_2 = 0$,$n_3 = 0$,关系式(13)变成

$$n_1\pi + (-2n_1)\,\frac{\pi}{2} = 0 \tag{14}$$

(12)的三个数之间再没有其他的相关式.我们假定

$$f(\pi) = f\left(\frac{\pi}{2}\right) = 0\,, f(\varphi) = 1 \tag{15}$$

这就给定了(12)的三个数所确定的一个加性函数.其实,对于(12)的三个数之间的任何一个相关式,即对于关系式(14),我们得到(15)的数之间的一个类似的相关式

$$n_1 f(\pi) + (-2n_1) f\left(\frac{\pi}{2}\right) = 0$$

因此,我们得到一个由(12)所确定而满足关系式(7)的加性函数.其次还要建立关系式(8),还要证明立方体和正四面体不组成相等.

立方体 A 有 12 条棱.用 l 表示它的一条棱的长.那么立方体 A 的不变量 $f(A)$ 的值是

$$f(A) = 12l f\left(\frac{\pi}{2}\right) = 0$$

(参看(15)).用 m 表示正四面体 B 的一条棱的长.那么正四面体 B 的不变量 $f(B)$ 是

$$f(B) = 6mf(\varphi) = 6m \neq 0$$

(参看(15)).所以, $f(A) \neq f(B)$,因而立方体 A 和正四面体 B 不组成相等.登定理证明完毕.

剩下要证明的是哈德维格尔定理.我们转来谈这个定理的证明.

4.哈德维格尔定理的证明

引理 2　假设

$$\alpha_1, \alpha_2, \cdots, \alpha_k \tag{16}$$

和

$$\gamma_1, \gamma_2, \cdots, \gamma_l \tag{17}$$

是两组实数,而

$$f(\alpha_1), f(\alpha_2), \cdots, f(\alpha_k) \tag{18}$$

是关于(16)的一个加性函数.那么可以选择这样一组数

$$f(\gamma_1), f(\gamma_2), \cdots, f(\gamma_l) \tag{19}$$

使得(18)和(19)共同构成关于(16)和(17)的一个加性函数.换句话说,关于(16)的一个加性函数可以添补一些数而成为关于(16)和(17)的一个加性函数.

只要考虑只增加一个数 γ 到(16)的诸数之中的情形(因为(17)的数可以不全部同时加入,而可以一个接一个地加入).因为,已知关于(16)的一个加性函数(18),又已知一个数 γ .我们应该选择这样一个数 $f(\gamma)$,使得这组数

$$f(\alpha_1), f(\alpha_2), \cdots, f(\alpha_k), f(\gamma) \tag{20}$$

是下述一组数

$$\alpha_1, \alpha_2, \cdots, \alpha_k, \gamma \tag{21}$$

的一个加性函数.此时,我们要考虑到两种情形.

情形 1　(21)中诸数之间不存在任何的相关式

$$n_1\alpha_1 + n_2\alpha_2 + \cdots + n_k\alpha_k + n\gamma = 0$$

其中 γ 的系数 n 不为零.换句话说,数 γ 不加入任何一个相关式.数 $f(\gamma)$ 在这种情形,无论怎样规定都无关系,即可以取任意一个实数作为 $f(\gamma)$.

情形 2 (21) 中诸数之间存在一个数 γ 在内的相关式

$$n'_1\alpha_1 + n'_2\alpha_2 + \cdots + n'_k\alpha_k + n'\gamma = 0, n' \neq 0 \tag{22}$$

我们在这种情形,由关系式

$$n'_1 f(\alpha_1) + n'_2 f(\alpha_2) + \cdots + n'_k f(\alpha_k) + n' f(\gamma) = 0 \tag{23}$$

来定义 $f(\gamma)$,就是假定

$$f(\gamma) = -\frac{n'_1}{n'}f(\alpha_1) - \frac{n'_2}{n'}f(\alpha_2) - \cdots - $$
$$\frac{n'_k}{n'}f(\alpha_k)$$

我们将证明,用这样的方法得到(21) 的一个加性函数.假设

$$n_1\alpha_1 + n_2\alpha_2 + \cdots + n_k\alpha_k + n\gamma = 0 \tag{24}$$

是(21) 中诸数之间的任意一个相关式(与相关式(22) 不同,或者与它重合).我们必须证明,(20) 中诸数之间有同样一个相关式,就是关系式

$$n_1 f(\alpha_1) + n_2 f(\alpha_2) + \cdots + n_k f(\alpha_k) + n f(\gamma) = 0 \tag{25}$$

成立.现在要证明此关系式.关系式(24) 乘以 n' 之积减去关系式(22) 乘以 n 之积,得

$$(n'n_1 - nn'_1)\alpha_1 + (n'n_2 - nn'_2)\alpha_2 + \cdots + $$
$$(n'n_k - nn'_k)\alpha_k = 0$$

这样得到(16)中诸数之间的一个相关式,由于(18)是这组数的一个加性函数,故关系式

$$(n'n_1 - nn'_1)f(\alpha_1) + (n'n_2 - nn'_2)f(\alpha_2) + \cdots +$$
$$(n'n_k - nn'_k)f(\alpha_k) = 0$$

成立.把等式(23)乘以 n 之积加到这个关系式里,得到

$$n'n_1 f(\alpha_1) + n'n_2 f(\alpha_2) + \cdots +$$
$$n'n_k f(\alpha_k) + n'n f(\gamma) = 0$$

最后,用公因子 $n' \neq 0$ 除这个等式,便得到(25).所以,(20)是(21)的一个加性函数.

引理 3　假设 A 是一个多面体,已经用任意的方法把它剖分成有限个更小的多面体 $M_1, M_2, \cdots, M_k$. 我们用

$$\alpha_1, \alpha_2, \cdots, \alpha_p \qquad\qquad (26)$$

表示多面体 A 的所有的二面角,用

$$\gamma_1, \gamma_2, \cdots, \gamma_q \qquad\qquad (27)$$

表示所有多面体 $M_1, M_2, \cdots, M_k$ 的一切的二面角.把 π 和(26)及(27)两式中的数接连起来,并且假定,对于新构成的这组数

$$\pi; \alpha_1, \alpha_2, \cdots, \alpha_p; \gamma_1, \gamma_2, \cdots, \gamma_q \qquad (28)$$

确定一种加性函数

$$f(\pi), f(\alpha_1), f(\alpha_2), \cdots, f(\alpha_p),$$
$$f(\gamma_1), f(\gamma_2), \cdots, f(\gamma_q) \qquad\qquad (29)$$

它们满足条件

$$f(\pi) = 0 \qquad\qquad (30)$$

那么所考虑的各个多面体的不变量 $f(A), f(M_1), f(M_2), \cdots, f(M_k)$ 可以用关系式

$$f(A) = f(M_1) + f(M_2) + \cdots + f(M_k) \quad (31)$$

结合.

为了证明,我们考虑一切这样的线段,它们是多面体 $A, M_1, M_2, \cdots, M_k$ 的棱.在这一切的线段上标出多面体 $A, M_1, M_2, \cdots, M_k$ 的一切顶点,也标出一切的彼此相交的棱的交点.于是我们得到有限条更小的线段.这些更小的线段叫作节(B.Φ.卡甘取的名称).图 4 表示把一个立方体剖分成有限个多面体;图上立方体的一条用 l_1 表示的棱是由三个节 m_1, m_2, m_3 构成.一般地说,$A, M_1, M_2, \cdots, M_k$ 中的每个多面体的每条棱是由一个或者若干个节构成.多面体 A 的每个节(就是位于多面体 A 的一条棱上的一个节)也是多面体 M_1, $M_2, \cdots, M_k$ 中的一个或者若干个的节.我们选取多面体 A 的任意一个节,假定 m 是它的长,α 是多面体 A 的对应的一个二面角,那么 α 是(26)中的一个数,因而 $f(\alpha)$ 被确定.$m \cdot f(\alpha)$ 之积叫作多面体 A 的所考虑的节的分量.同样地确定多面体 $M_1, M_2, \cdots, M_k$ 的各个节的分量.我们指出,同一个节在与这个节邻接的两个不同的多面体中有不同的分量:因为两个邻接的多面体在这个节的地方可以是不同的两个二面角.

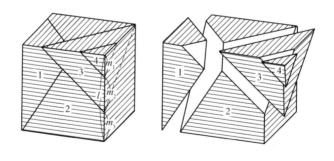

图4

我们现在取出多面体 A 的所有的节,求出它们在

74

多面体 A 中的分量,并且作出所有这些分量的和.不难看出,这个和等于多面体 A 的不变量 $f(A)$.事实上,我们考虑多面体 A 的一条棱 l_1,假设它由三个节 m_1,m_2,m_3 组成(图 4).那么在多面体 A 中与每个节 m_1,m_2,m_3 对应的是同一个二面角 α_1,就是棱为 l_1 的二面角.因此节 m_1,m_2,m_3 的分量的和,等于

$$m_1 f(\alpha_1) + m_2 f(\alpha_1) + m_3 f(\alpha_1) =$$
$$(m_1 + m_2 + m_3) f(\alpha_1) = l_1 f(\alpha_1)$$

同样,作出多面体 A 的棱 l_2 的所有的节的分量之和等于 $l_2 f(\alpha_2)$,依此类推.因此多面体 A 的所有的节的分量之和与式(4)所表示之和一样,即等于多面体 A 的不变量 $f(A)$.

类似地,这些多面体 $M_1,M_2,\cdots,M_k$ 中的每个多面体的不变量等于它的所有的节的分量之和(自然,每一个节的分量是在被考虑的多面体中算出的).

现在不难证明关系式(31)正确.为了计算这个关系式的右边诸项之和,需算出一切多面体 $M_1,M_2,\cdots,$ M_k 的一切节的分量之和.我们找到,某个节 m 具有怎样的系数列入这个和内.用

$$\gamma_i,\gamma_j,\cdots,\gamma_s$$

表示多面体 $M_1,M_2,\cdots,M_k$ 中与节 m 邻接的一切二面角(这些量包含在式(27)中).于是被考虑的一个节的分量在具有二面角 γ_i 的多面体中等于 $mf(\gamma_i)$;而在具有二面角 γ_j 的多面体中等于 $mf(\gamma_j)$,依此类推.所以,节 m 在与它邻接的那一切多面体 $M_1,M_2,\cdots,M_k$ 中的分量之和等于

$$mf(\gamma_i) + mf(\gamma_j) + \cdots + mf(\gamma_s) \qquad (32)$$

一切的节可以分成三类:

（1）整个位于多面体 A 的内部的节（端点可以例外）.假设 m 是这样一个节,如果与线段 m 邻接的多面体 $M_1,M_2,\cdots,M_k$ 中的每一个都以 m 作为自己的节,那么与节 m 邻接的各个二面角之和是一个周角.（图5(a),这个图如同图5(b),图6,图7(a),图7(b)一样,显然用垂直于节 m 的多面体 A 以及与节 m 邻接的多面体的截面;节 m 在这些圆上用一个点 R 表示.）所以在这种情形之下,$\gamma_i+\gamma_j+\cdots+\gamma_s=2\pi$,亦即

$$\gamma_i+\gamma_j+\cdots+\gamma_s-2\pi=0$$

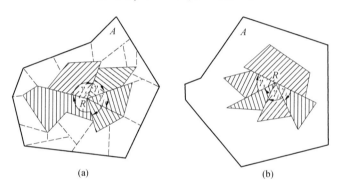

(a)　　　　　　　　　　(b)

图5

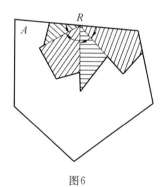

图6

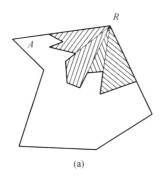
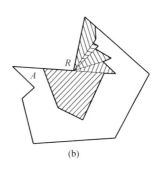

(a) (b)

图7

这个等式是(28)中诸数之间的一个相关式,故有
$$f(\gamma_i) + f(\gamma_j) + \cdots + f(\gamma_s) - 2f(\pi) = 0$$
我们根据(30),得到 $f(\gamma_i) + f(\gamma_j) + \cdots + f(\gamma_s) = 0$,
因而表示式(32)等于零.

假设 m 是位于多面体 A 的内部的一个节,与线段 m 邻接的多面体 $M_1, M_2, \cdots, M_k$ 中只有一个多面体不是把它作为自己的节[①](就是线段 m 位于多面体 M_1, $M_2, \cdots, M_k$ 中的一个多面体的内部),那么其余与线段 m 邻接的各个二面角的和是一个平角(图5(b)),亦即
$$\gamma_i + \gamma_j + \cdots + \gamma_s = \pi$$
如同上面一样,由此推出表示式(32)等于零.

这样一来,位于多面体 A 内的节当计算等式(31)右边部分时,可不考虑(对于它们的分量之和等于零).

(2)位于多面体 A 的界面上但不在它的棱上的

---

① 如果与线段 m 邻接的两个多面体不是把它作为自己的节,即线段 m 在两个彼此邻接的多面体的界面的内部,那么仅有这两个多面体与线段 m 邻接,从而线段 m 不在多面体 $M_1, M_2, \cdots, M_k$ 的任何一条棱上,因此线段 m 不是节.

节.在这种情形下

$$\gamma_i + \gamma_j + \cdots + \gamma_s = \pi$$

(图 6),表示式(32)如同在前面的情形一样,等于零.

(3) 剩下的一条,考虑位于多面体 A 的棱上的节.在这种情形下,$\gamma_i + \gamma_j + \cdots + \gamma_s$ 之和或者等于对应棱的二面角 α

$$\gamma_i + \gamma_j + \cdots + \gamma_s = \alpha$$

(图 7(a)),或者等于角 $\alpha - \pi$(就是 $\gamma_i + \gamma_j + \cdots + \gamma_s = \alpha - \pi$;这种情形可能在角 α 为钝角的时候发生,参看图 7(b)).在这两种情形下,得到

$$f(\gamma_i) + f(\gamma_j) + \cdots + f(\gamma_s) = f(\alpha)$$

因而表示式(32)等于 $mf(\alpha)$,亦即等于所考虑的一个节在多面体 A 中的分量.因此,关系式(31)的右边诸项之和,等于多面体 A 的一切节的分量之和,亦即等于不变量 $f(A)$.

哈德维格尔定理的证明　假定,多面体 A 和多面体 B 组成相等,假设 $M_1, M_2, \cdots, M_n$ 是这样一些多面体,用它们可以组成多面体 A,也可以组成多面体 B.我们用 $\gamma_1, \gamma_2, \cdots, \gamma_r$ 表示所有多面体 $M_1, M_2, \cdots, M_n$ 的一切内部二面角.根据引理 2,对于数组(5)所确定的加性函数(6)可以添加一些数 $f(\gamma_1)$,$f(\gamma_2), \cdots, f(\gamma_r)$,使我们得到下列一组数

$$\pi, \alpha_1, \alpha_2, \cdots, \alpha_p, \beta_1, \beta_2, \cdots, \beta_q, \gamma_1, \gamma_2, \cdots, \gamma_r$$

的一个加性函数.(这个加性函数仍然满足条件(7))由于多面体 A 是由多面体 $M_1, M_2, \cdots, M_n$ 构成的,则不变量 $f(A)$ 具有如下的数值(引理 3)

$$f(A) = f(M_1) + f(M_2) + \cdots + f(M_n)$$

但是多面体 B 也是由多面体 $M_1, M_2, \cdots, M_n$ 构成的,

因此

$$f(B) = f(M_1) + f(M_2) + \cdots + f(M_n)$$

所以，$f(A) = f(B)$，此与关系式（8）矛盾．因此，我们看到，从多面体 A 和多面体 B 组成相等的假设，推出了矛盾．

5. n 维多面体　对于熟悉 n 维空间的概念的读者，可以补充如下的内容．假设 M 是一个 n 维多面体，L 是 M 的 $n-2$ 维界面，那么存在两个属于多面体 M 的 $n-1$ 维界面，它们与 L 邻接；我们用 A 和 B 来标记它们．界面 A 和界面 B 之间的夹角叫作在界面 L 的二面角．这个二面角是用它的线性角来度量的，就是用垂直于界面 L 的两条垂线间的夹角，两条垂线中的一条位于界面 A 内，而另一条位于界面 B 内．

假设 $L_1, L_2, \cdots, L_k$ 是 n 维多面体 M 的一切的 $n-2$ 维界面，$l_1, l_2, \cdots, l_k$ 是它们的 $n-2$ 维的体积，$\alpha_1, \alpha_2, \cdots, \alpha_k$ 是多面体 M 的在这些界面的二面角，那么，利用关于此组数 $\alpha_1, \alpha_2, \cdots, \alpha_k$ 的一个加性函数（3）（参看第 65 页），我们可以确定如（4）的和式，这个和式规定叫作多面体 M 的不变量．哈德维格尔定理在这样定义不变量（参看第 66 页）的情形下，对于 n 维多面体（连同证明），仍然正确．

登定理也容易推广出来．正 n 维棱锥（单纯形）有一些等于 $\arccos \dfrac{1}{n}$ 的二面角（按照归纳法用与第 69～71 页完全相同的论述，容易证明此事实）．用这个事实和引理 1 推出，当 $n=3$ 时，一个正棱锥和一个与它等体积的立方体不组成相等（参看第 69～71 页的论述）．

§2　体积的计算法

1.极限法　我们回忆计算平面图形的面积的实际情形.在建立了矩形面积公式以后,其他的多角形的面积计算,可以从最简单的方法——剖分法或拼补法得出.极限法在平面几何中,仅应用于计算曲线图形的面积.

空间图形的体积计算在某几种情形也应用剖分法(或拼补法).例如,斜棱柱的体积等于它的直截面面积和它的侧棱之长的乘积,这一定理的证明应用了剖分法(图8)或拼补法(图9).换句话说,任何一个斜棱柱,和以它的直截面为底面,以它的侧棱之长为高的直棱柱组成相等(以及拼补相等).因为任意一个直棱柱和直平行六面体组成相等(以及拼补相等),所以得到这样一个定理:任意一个斜棱柱和一个与它等体积的直平行六面体组成相等(以及拼补相等).所以对于一个

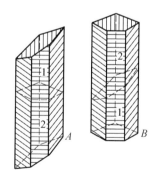

图8

任意棱柱（直棱柱或斜棱柱）的体积的计算，能够有成效地应用剖分法和拼补法.

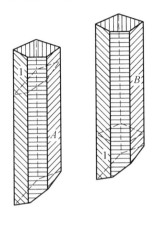

图9

但是棱锥的体积计算，既不能应用剖分法，也不能应用拼补法，而宜应用极限法：考虑颇复杂的梯级几何体的体积（图 10），然后当梯级（"画梯线的"）的数目无限增加时，梯级几何体的体积的极限.其中的问题在哪里呢？或许直到现在数学家也"不走运"，没有找到用

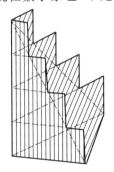

图10

81

剖分法或拼补法来简单地得出棱锥的体积公式？原来不是如此：一般地说，剖分法和拼补法对于建立棱锥的体积公式无效.为了得出这个公式，必须应用更复杂的方法（极限法）.

为了相信这一点，我们简略地回想一下，平常是怎样计算棱锥的体积.假设 $ABCD$ 是一个三棱锥.我们作一个以 $\triangle ABC$ 为底、以 AD 为侧棱的三棱柱（斜棱柱）$ABCDEF$（图 11）.这个棱柱可以剖分成三个三棱锥 $ABCD$，$BCDE$，$CDEF$（图 12）.为了简便起见，我们用 M_1，M_2，M_3 来表示它们.容易证明，棱锥 M_1，M_2，M_3 中的每两个有相等的底面和相等的高.所以，"剩下"只要证明，等底等高的两个棱锥大小相等.就是这个命题要用极限法来证明.指出，利用剖分法不可能证明这个事实.为此我们证明，存在两个等底等高的棱锥有（在选定某个加性函数的情形下）不同的不变量；于是由哈德维格尔定理推出，这两个棱锥不组成相等.

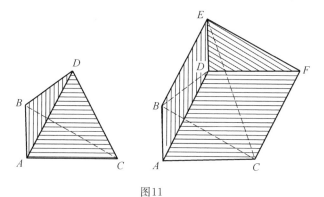

图11

我们重新回到图 11 和图 12，假定，棱锥 M_1（就是棱锥 $ABCD$，曾利用它作出棱柱 $ABCDEF$）是正棱锥.

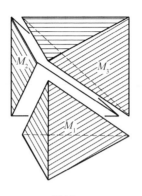

图12

根据引理 2，把加性函数（15）扩大为关于棱锥 M_1，M_2，M_3 和棱柱 $ABCDEF$ 的一切二面角的加性函数。于是我们得到（引理 3），$f(M_1)+f(M_2)+f(M_3)$ 之和等于棱柱 $ABCDEF$ 的不变量。由于这个棱柱和长方体（一切二面角都等于 $\dfrac{\pi}{2}$）组成相等，故它的不变量等于零。所以

$$f(M_1)+f(M_2)+f(M_3)=0 \qquad (33)$$

我们已经知道，正棱锥 M_1 的不变量 $f(M_1)$ 不为零。因此等式

$$f(M_1)=f(M_2)=f(M_3)$$

不能成立（此与关系式（33）矛盾）。所以，在这三个棱锥 M_1，M_2，M_3 中找到了不变量不相同的两个棱锥，因此，这两个棱锥不组成相等（根据哈德维格尔定理）。因此证明了，等底等高而不组成相等的两个棱锥的存在。

现在明白，剖分法对于棱锥的体积计算不能应用。拼补法也是如此吗？根据下面一个定理，简单地证明

83

了它不适用①.

定理 1　满足哈德维格尔定理的条件的两个多面体 A 和 B 不拼补相等.

证明　假定相反:用多面体 $M_1,M_2,\cdots,M_n$ 可以把多面体 A 拼补成多面体 C,也可以把多面体 B 拼补成同一个多面体 C.根据引理 2,(6) 可以扩大为关于所有多面体 $M_1,M_2,\cdots,M_n,C$ 的一切二面角的加性函数.根据引理 3,得到

$$f(C)=f(A)+f(M_1)+f(M_2)+\cdots+f(M_n)$$
$$f(C)=f(B)+f(M_1)+f(M_2)+\cdots+f(M_n)$$

但是这两个等式与关系式(8)矛盾.所以多面体 A 和多面体 B 不拼补相等.

由已经证明的定理推出,一个正三棱锥和一个立方体不但不组成相等,而且也不拼补相等.不变量不相等的两个等底等高的棱锥不拼补相等.因为上面已经证明,存在两个这样的棱锥,所以显然,拼补法对于棱锥的体积计算也不适用.

2.剖分法和拼补法的等价　我们在上一章已经看到,组成相等和拼补相等对于平面多角形是同样的,就是剖分法和拼补法在这种情形等价.在叙述上一章里的这个事实的证明,是依靠博利亚 — 盖尔文定理 —— 任意两个大小相等的多角形组成相等来实现的.我们已经知道,对于体积相等的多面体既不能推出所考虑的多面体组成相等,也不能推出拼补相等.因而利用与上一章相同的论述不可能证明,关于多面体的

①　拼补法的不适用也可以从更一般的定理 —— 席特列尔定理推出,此定理证明于后.

剖分法和拼补法等价.下面一个定理肯定地回答了关于这两个方法是否等价的问题.

席特列尔定理　两个多面体,在且仅在它们拼补相等时,组成相等.

我们现在来谈这个定理的证明.

引理 4　如果多面体 A 和多面体 B 组成相等,那么它们也就拼补相等.

事实上,首先假设 $M_1,M_2,\cdots,M_k$ 是这样一些多面体,用它们可以组成多面体 A,也可以组成多面体 B.其次,假设 M 是这样一个多面体,它含有多面体 A 和多面体 B 于它的内部,M_0 是多面体 M 的一部分,它没有填补多面体 A 和 B[①].不难看出,用这些多面体 $M_0,M_1,M_2,\cdots,M_k$ 可以把多面体 A 拼补成多面体 M,也可以把多面体 B 拼补成多面体 M.事实上,把多面体 $M_1,M_2,\cdots,M_k$ 填补成多面体A 以后,我们发现,除多面体 B 以外,这些多面体 $M_0,M_1,M_2,\cdots,M_k$ 填满整个的多面体 M,即这些多面体把多面体 B 拼补成多面体 M.同样把多面体 $M_1,M_2,\cdots,M_k$ 填补成多面体 B 以后,我们发现,这些多面体 $M_0,M_1,M_2,\cdots,M_k$ 把多面体 A 拼补成多面体 M.所以,多面体 A 和多面体 B 拼补相等.

我们指出,图形 M_0 是一个多面体,它的内部有两个形如多面体 A 和多面体 B 的“空洞”.如果读者不甘心把它看成“多面体”,那么为了完成证明起见,可以把图形 M_0“剖分”成若干个多面体,它们的内部都没有“空洞”.(只要作一个和多面体 A 以及多面体 B 相交的

---

①　M_0 就是从 M 中“挖去”A 和 B 以后所剩下的这一部分.

平面;这个平面把图形 M_0 截成无"空洞"的两部分.)

引理 5 任意两个大小相等的棱柱组成相等.

首先证明,假设两个棱柱的底面的面积相等,并且位于两个平行平面内,而这两个棱柱的母线也相等而且平行(图 13),那么这样的两个棱柱组成相等.(因为根据博利亚 — 盖尔文定理,它们的底面组成相等.)

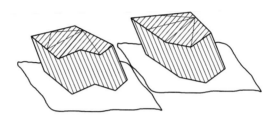

图13

由此注解推出,每一个棱柱和某个平行六面体(一般地说,是斜平行六面体)组成相等.

其次,每一个斜平行六面体和某个直平行六面体组成相等.事实上,先假设 p 是斜平行六面体 P 的底平面,A 是这个平面内的一个点,AB 是一条与平行六面体 P 的一条侧棱相等而且平行的线段.再假设 l 是直线 AB 在平面 p 上的投影,m 是在平面 p 上通过点 A 而垂直于 l 的一条直线(图 14).在直线 l 和直线 m 上取这样两个点 C 和 D,使得以 AC 和 AD 为边的矩形和平行六面体 P 的底面大小相等,把这个矩形当作底面,在它的上面作一个具有侧棱 AB 的平行六面体 Q,那么平行六面体 P 和平行六面体 Q 组成相等(根据上面的注解).现在把以 AB 和 AC 为边的平行四边形作为平行六面体 Q 的底面,以 AD 作为它的一条侧棱,我们看出,平行六面体 Q 是一个直平行六面体($AD \perp AB$,

$AD \perp AC$).

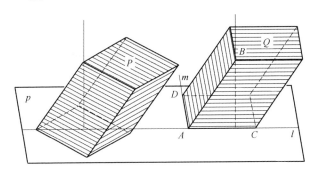

图14

假设 K 是一个与平行六面体 Q 大小相等的立方体,a 是它的一条棱的长.用一个大小相等的一边之长为 a 的矩形,代换平行六面体 Q 的底面以后,我们得到一个和 Q 组成相等的长方体,这个长方体的一条棱的长等于 a.用这个长方体的这条棱作为高,用一个大小相等的正方形代换它的底面,我们得到一个立方体 K.

因此,每一个棱柱和一个与它大小相等的立方体组成相等,因而两个大小相等的棱柱彼此组成相等.

在未叙述下面一个引理以前,我们预先规定某些记号.假设 A 和 B 是两个没有公共内部点的多面体.以 $A+B$ 表示由多面体 A 和多面体 B 填充的空间的一部分(多面体).同样,对若干个多面体之"和",给出类似的定义.特别是,如果多面体 A 剖分为一组多面体 M_1,M_2,$\cdots$,M_k,那么记为 $A=M_1$,M_2,$\cdots$,M_k.如果给定 n 个多面体 M_1,M_2,$\cdots$,M_n,它们中的每一个多面体和多面体 M 相等,那么 M_1,M_2,$\cdots$,M_n 之和也记为 nM 以代替它.相似系数为 λ 的与多面体 M 相似的多面体,用 $M^{(\lambda)}$ 表示.最后,我们规定记号"$\sim$"表示两个多面体组成相等;如 $A \sim B$,表示两个多面体 A 和 B 组成相等.

引理 6 假设 $P_1, P_2, \cdots, P_k$ 是没有公共内部点的 k 个棱柱,而 P 是一个与它们之和大小相等的棱柱.那么 $P_1 + P_2 + \cdots + P_k \sim P$.

为了方便证明,用 k 个与棱柱 $P_1, P_2, \cdots, P_k$ 大小相等而且具有相等底面的长方体 $\Pi_1, \Pi_2, \cdots, \Pi_k$ 来代替这些棱柱,然后把这些长方体,利用它们的相等底面,一个一个地叠置起来,使这些长方体叠成一"堆"(图 15).结果我们得到一个长方体 Π,显然,Π 和棱柱 P 大小相等,从而(参看引理 5)

$$P_1 + P_2 + \cdots + P_k \sim \Pi_1 + \Pi_2 + \cdots + \Pi_k \sim \Pi \sim P$$

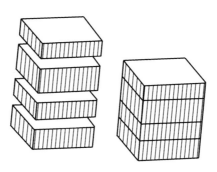

图15

引理 7 假设 M 是一个任意多面体,n 是一个自然数.那么 $M^{(n)} \sim P + nM$,其中 P 是某个棱柱.

我们证明这个引理,首先假定 M 是一个三棱锥.在这种情形下,$M^{(n)}$ 也是一个三棱锥,并且它的高等于棱锥 M 的高的 n 倍.我们把棱锥 $M^{(n)}$ 的高分成 n 个相等部分,通过每个分点作一个平行于底面的平面.于是棱锥 $M^{(n)}$ 被分成 n "层",其顶上一层是一个与 M 相

等的棱锥(图 16).我们考虑任意一个不为顶上那层的层.它是一个棱台；以 ABC 和 $A_1B_1C_1$ 表示它的下底面和上底面.通过上底面的一边 A_1B_1 作一个平行于棱 CC_1 的平面(图 17).这个平面和下底面相交于 A_2B_2,并且把棱台分成两部分.

图16

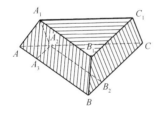
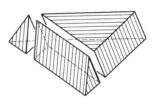

图17

一个棱柱 $A_2B_2CA_1B_1C_1$ 和一个多面体 $AA_1A_2BB_1B_2$.现在通过棱 A_1A_2 作一个平行于多面体 $AA_1A_2BB_1B_2$ 的界面 BB_1B_2 的平面.于是多面体 $AA_1A_2BB_1B_2$ 被分成两部分: 一个棱柱 $A_1A_2A_3B_1B_2B$ 和一个棱锥 $AA_1A_2A_3$,容易看出,棱

锥 $AA_1A_2A_3$ 与棱锥 M 相等(因为它和棱锥 M 相似并且有同样的高).因此,除顶上那层以外,每一层都可以分成一个与 M 相等的棱锥和两个棱柱,整个棱锥 $M^{(n)}$ 是由 n 个等于 M 的棱锥和 $2(n-1)$ 个棱柱组成.根据引理 6,这些棱柱可以用一个棱柱 P 代替,所以得到

$$M^{(n)} \sim P + nM$$

就是如果 M 是一个三棱锥,引理所述是正确的.

现在假设 M 是一个任意多面体.首先,如果它是非凸多面体,那么,作出一切有界面位于其上的平面,把它分成有限个凸多面体.其次,每一个凸多面体可以剖分成有限个棱锥(多棱锥):为此只要在多面体的内部取定一个点 O,考虑以点 O 作为顶点,以多面体的界面作为底面的所有棱锥(图 18).最后,每一个多棱锥可以剖分成若干个三棱锥(图 19).因此任意一个多面体可以剖分成有限个三棱锥.假设

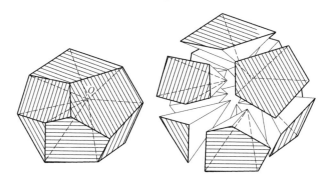

图18

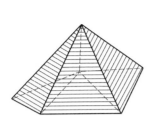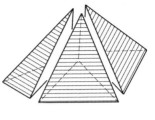

图19

$$M = T_1 + T_2 + \cdots + T_k \qquad (34)$$

就是说多面体 M 被剖分成若干个三棱锥.所有这些多面体都扩大 n 倍,得到

$$M^{(n)} = T_1^{(n)} + T_2^{(n)} + \cdots + T_k^{(n)}$$

根据前面的证明,有

$$T_1^{(n)} \sim P_1 + nT_1$$
$$T_2^{(n)} \sim P_2 + nT_2$$
$$\vdots$$
$$T_k^{(n)} \sim P_k + nT_k$$

其中 $P_1, P_2, \cdots, P_k$ 是某 k 个棱柱.所以

$$M^{(n)} \sim (P_1 + P_2 + \cdots + P_k) +$$
$$(nT_1 + nT_2 + \cdots + nT_k) \sim P + nM$$

其中棱柱之和 $P_1 + P_2 + \cdots + P_k$ 用一个棱柱 P 来代换(引理 6),又根据(34),这些多面体 $T_1, T_2, \cdots, T_k$ 中的每一个的 n 倍组成多面体 M 的 n 倍.引理就这样证明完毕.

引理 8　如果两个多面体拼补相等,那么它们也就组成相等.

在证明中,用 $V(M)$ 表示某个多面体 M 的体积.假设 A 和 B 是拼补相等的两个多面体,于是存在两个彼此组成相等的多面体 C 和 D,它们把 A 和 B 拼补成同一个图形.

$$A + C = B + D, C \sim D \tag{35}$$

假设 C_1 是一个立方体,它的内部可以放置一个多面体 C, n 是大于 $\sqrt{1 + \dfrac{V(C_1)}{V(A)}}$ 的一个整数. 于是

$$n^2 > 1 + \frac{V(C_1)}{V(A)}$$

或

$$n^2 V(A) > V(A) + V(C_1)$$

这个关系式的两边乘以 n,而我们看出, $n^3 V(A)$ 是多面体 $A^{(n)}$ 的体积,于是此式可以表示为

$$V(A^{(n)}) > nV(A) + nV(C_1) \tag{36}$$

此外,根据引理 7,此式又可以表示为

$$A^{(n)} \sim P + nA, B^{(n)} \sim Q + nB \tag{37}$$

其中 P 和 Q 是某两个棱柱;这两个关系式中的第一个给出

$$V(A^{(n)}) = V(P) + nV(A)$$

由这个等式以及上一不等式(36),推出 $V(P) > nV(C_1)$,即棱柱 P 的体积至少大于立方体 C_1 的体积的 n 倍.同时根据引理 6,我们可以认为, P 是一个长方体,它的底面和立方体 C_1 的底面相等.因而长方体 P 的高至少大于立方体 C_1 的高的 n 倍,从而长方体 P 的内部可以放置 n 个与 C_1 相等的立方体,无疑 P 的内部可以放置 n 个与 C 相等的多面体.因此,我们把图形 nC 放置在 P 的内部;长方体 P 的剩余部分(不被图形 nC 占有的)用 T 表示

$$P = T + nC \tag{38}$$

棱柱 P 和棱柱 Q 大小相等（因为 $V(A) = V(B)$，$V(A^{(n)}) = V(B^{(n)})$，因而根据（37）得到 $V(P) = V(Q)$），因此，P 和 Q 组成相等（引理 5）

$$P \sim Q \tag{39}$$

与（35）（37）$\sim$（39）几个关系式比较，得到

$$A^{(n)} \sim P + nA = T + nC + nA =$$
$$T + n(A + C) \sim T + n(B + D) =$$
$$T + nB + nD \sim T + nB + nC =$$
$$T + nC + nB \sim P + nB \sim Q + nB \sim B^{(n)}$$

因此，多面体 $A^{(n)}$ 和多面体 $B^{(n)}$ 组成相等，即它们可以剖分成一些对应相等的部分．多面体 $A^{(n)}$ 和多面体 $B^{(n)}$ 相似地缩小到 n 分之一，把它们剖分成的那些相应部分也相似地缩小到 n 分之一，我们得到，多面体 A 和多面体 B 也组成相等．引理就这样证明完毕．

还要指出的是，前面叙述的席特列尔定理可以直接由引理 4 和引理 8 推出．

补　　充

1.两个多面体组成相等的必要且充分的条件

我们引进哈德维格尔的一篇论文中所给出的组成相等的条件(没有证明).假定,与每一个多面体 A 对应的是某个数 $\chi(A)$,并且满足下面条件:

(1)与相等的两个多面体 A 和 B 对应的是相等的两个数 $\chi(A) = \chi(B)$(不变性条件);

(2)如果多面体 A 剖分成若干个多面体 M_1,$M_2, \cdots, M_k$,那么等式

$$\chi(A) = \chi(M_1) + \chi(M_2) + \cdots + \chi(M_k)$$

成立(加性条件);

(3)如果 $A^{(\lambda)}$ 是一个相似系数为 λ 的与多面体 A 相似的多面体,那么 $\chi(A^{(\lambda)}) = \lambda \cdot \chi(A)$(线性条件).

这些条件说明,给出了一个线性加性不变量 χ.于是有一个定理如下:

定理 2　多面体 A 和多面体 B 组成相等的必要而且充分的条件是:它们的体积相等,而且,任意一个线性加性不变量 χ 能够满足等式 $\chi(A) = \chi(B)$.

换句话说,如果两个大小相等的多面体 A 和 B 不组成相等,那么存在这样一个线性加性不变量 χ,使得,$\chi(A) \neq \chi(B)$.我们指出,根据前面已经证明的席特勒尔定理,这个条件也是两个多面体 A 和 B 拼补相等的必要且充分的条件.

这个条件和前面已经证明的哈德维格尔定理比较,是有趣味的(参看第 71 页),那里建立了某种不变

量 $f(A)$. 与相等的两个多面体 A 和 B 对应的是相等的两个不变量：$f(A)=f(B)$. 这个不变量是加性不变量（引理 3）. 它也是线性不变量（因为多面体 $A^{(\lambda)}$ 的一切棱之长等于多面体 A 的棱之长的 λ 倍，而它们的二面角都相等，从而由第 70 页的不变量 f 的定义，推出等式 $f(A^{(\lambda)})=(\lambda \cdot f(A))$. 但是不变量 f 根本不同于叙述在上面定理 2 中的那些不变量；不变量 f 对于一切的多面体没有定义. 它只是对于哈德维格尔定理提到的那两个多面体有定义，当我们遇到一些新的多面体时（引理 3），我们对于这些多面体补充定义一个不变量 f 的数值.

由此可见，关于一切的多面体定义的线性加性不变量的存在性的证明，实质上是不属于初等数学范围之内的. 对于这些不变量的建立①（对于本段叙述的定理的证明也是一样）要应用所谓的超穷归纳法，它的概念远远超出这本书的范围.

2.多面体的 G 型组成相等 如同多角形的情形一样，可以谈到多面体的 G 型组成相等，其中 G 是某个运动群（当然，这里已有空间图形的运动，特别是多面体的运动）. 用 T 表示由一切平移（空间的平移）组成的一个群. 于是可以谈到，两个已知多面体是否 T 型组成相等这样一个问题. 我们指出下面一个有趣的定理，这个定理也是属于哈德维格尔的.

定理 3 一个凸多面体和一个立方体 T 型组成相等的必要且充分的条件是：多面体的每一个界面都是

---

① 仅有一个不变量，它的建立是属于初等数学范围之内的：这个不变量是对于每个多面体 A 都等于零的不变量，但是研究这个不变量没有意思.

一个中心对称多角形①.

由此推出,如果两个大小相等的多面体中的每一个都有中心对称多角形的界面,那么这样两个多面体彼此 T 型组成相等.尤其是,如果具有中心对称多角形界面的两个相等的多面体,那么不管它们之中的谁关于谁转动,它们永远是 T 型组成相等的.

除 G 型组成相等以外也可以考虑多面体的 G 型拼补相等(G 是一个运动群).如果群 G 含有所有的平移(除了平移以外,它还含有其他的一些运动),那么两个多面体 G 型拼补相等,当且仅当它们 G 型组成相等.只要利用前面的席特列尔定理的证明中的一个不大重要的条件,就可以证明定理 3(对于 n 维空间也正确).

---

① 从苏联几何学家 A.Д.亚力山大罗夫的结果推出,具有这些性质的多面体是中心对称的.